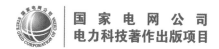
国家电网公司
电力科技著作出版项目

# 间歇式能源
## 协调优化调度

江长明　陈之栩　丁恰　编著

中国电力出版社
CHINA ELECTRIC POWER PRESS

## 内 容 提 要

本书分析了国内外风电、光伏等间歇式能源和双向调节抽水蓄能电源的发展趋势，针对大规模间歇式能源接入电网后其波动性和不确定性等特点带来的消纳问题，通过建立间歇式能源与常规能源发电计划协调优化模型，从多时间尺度新能源预测、多日机组组合、日前日内多周期发电计划编制与安全校核、间歇式能源消纳量化评估分析等方面，提出了间歇式能源优化调度的整体技术方案。

全书共分 9 章，第 1 章为综述，第 2 章研究多时间尺度新能源功率预测方法，第 3 章分析大规模间歇式能源接入下备用需求，第 4 章提出计及间歇式能源消纳的多日机组组合优化方法，第 5 章给出日前间歇式能源与常规能源发电计划协调优化编制方案，第 6 章研究日内间歇式能源与常规能源发电计划协调优化方法，第 7 章研究间歇式能源接入辅助分析方法，第 8 章给出间歇式能源多周期协调优化调度系统总体设计，第 9 章进行间歇式能源协调优化调度效益分析。

本书对含大规模间歇式电源的智能电网调控系统日前、日内和实时发电调度及新能源消纳决策功能建设具有指导、借鉴作用。本书内容全面，实用性强，既可作为电力系统调控运行专业技术人员的参考用书，也可作为大专院校的教学参考用书。

**图书在版编目（CIP）数据**

间歇式能源协调优化调度 / 江长明，陈之栩，丁恰编著 . —北京：中国电力出版社，2018.12
ISBN 978-7-5198-2781-6

Ⅰ . ①间…　Ⅱ . ①江…　②陈…　③丁…　Ⅲ . ①电力系统调度　Ⅳ . ① TM73

中国版本图书馆 CIP 数据核字（2018）第 284856 号

出版发行：中国电力出版社
地　　址：北京市东城区北京站西街 19 号（邮政编码 100005）
网　　址：http://www.cepp.sgcc.com.cn
责任编辑：陈　丽（010-63412348）
责任校对：黄　蓓　太兴华
装帧设计：王红柳
责任印制：石　雷

印　　刷：北京博海升彩色印刷有限公司
版　　次：2018 年 12 月第一版
印　　次：2018 年 12 月北京第一次印刷
开　　本：710 毫米 ×1000 毫米　16 开本
印　　张：12.25
字　　数：210 千字
印　　数：0001—1000 册
定　　价：76.00 元

本书全面分析了国内风电、光伏等间歇式能源的发展现状及间歇式能源消纳调度运行面临的主要问题,提出了提升间歇式能源消纳能力的多周期间歇式能源与常规能源协调优化调度整体技术方案。

首先研究了多时间尺度的新能源功率预测方法,采用基于数值天气预报的短期新能源功率预测方法,并考虑风向、气温等更多相关天气因素,用回归法校正系统误差,进一步优化新能源电场输出功率模型;采用基于时间序列法的超短期风功率预测方法,通过滚动更新权重,结合 ARMA 模型、非参数估计方法和数值天气预报的预测结果,全面提升短期和超短期新能源功率预测精度。

考虑大规模间歇式能源的间歇性和波动性,同时兼顾电网运行安全性和经济性,根据间歇式能源出力的短期和长期规律性变化,引入相似性理论和聚类分析技术,建立间歇式功率预测误差与旋转备用需求变化间的关联模型,提出了应对间歇式能源出力不确定性的系统备用容量决策方法,降低间歇式能源不确定性对电网安全经济运行的影响。

本书提出了提升间歇式能源消纳的多日机组组合和基于 AGC 调节模式的日前日内调度计划协调优化及实时控制闭环策略。以安全约束机组组合(SCUC)和安全约束经济调度(SCED)模型为基础,建立了风电、光伏等间歇式能源、常规能源机组和抽蓄机组协调优化的多元能源互补发电计划优化编制模型和算法,全面考虑间歇式能源功率并网特性、间歇式能源最大消纳需求和抽蓄机组的储能作用,在电网安全允许范围内实现最大限度的风电、光伏等间歇式能源消纳,实现了风电、光伏等间歇式能源与常规能源机组组合,日前、日内发电计划和实时控制的协调优化,促进大规模电网多元能源统一优化配置。

拓展了安全约束机组组合（SCUC）和安全约束经济调度（SCED）技术的应用，建立了间歇式能源接纳能力量化分析模型；提出了间歇式能源接入相容性分析指标，采用极大极小目标线性化方法，评估机组组合对间歇式能源特性的适应性；提出了间歇式能源消纳成效动态分析方法，综合运用优化机组运行方式、调整联络线计划等手段，给出提升电网消纳间歇式能源能力的方案。

基于智能电网调度技术支持系统（D5000）统一平台，全面开展了间歇式能源和常规能源多周期协调优化调度系统的研究与开发，研发成果已成功应用到华北等电网调度计划业务，对最大化风电等间歇式能源的消纳水平、保证电网安全稳定和经济运行、实现资源优化配置有重要作用。

本书内容适用于网省级的调度自动化系统，可适应大规模间歇式能源接入后电网调度决策复杂性、快速性和综合性的要求，有效减小间歇式能源并网对电网的影响，保障电力系统的安全稳定运行，减少电力系统运行成本，提高电网消纳间歇式能源的能力，保证调度安全和可再生能源充分利用。其设计思想、理论算法和工程经验对智能电网调度技术支持系统中长期机组组合，日前、日内和实时调度开发有指导、借鉴作用。本书内容全面、资料翔实、实用性强，既可作为电力系统调控运行专业技术人员的参考用书，也可作为大专院校的教学参考用书。

作　者
2018 年 3 月

前言

目录

# 目录

# 综述

1

# 1.1 背　　景

当前，以风电、光伏为代表的新兴能源因其无污染、可再生的特性，且无温室气体排放，逐渐成为能源发展的重要方向。风电作为技术最成熟的新能源利用方式之一，在国家的大力支持下已经实现连续多年快速增长（见图 1-1），截至 2014 年底，中国风电累计装机容量近 114.6GW，同比增长 25.4%。2014 年中国风电上网电量 1534 亿 kWh，占全部发电量的 2.78%（见表 1-1）。

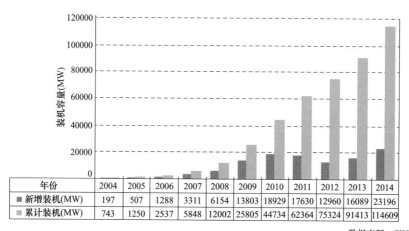

数据来源：CWEA

图 1-1　2004～2014 年中国新增和累计风电装机容量

表 1-1　　　　　　　　　　　　2014 年风电产业监测数据

| 省（区、市） | 累计核准容量（万 kW） | 累计在建容量（万 kW） | 新增并网容量（万 kW） | 累计并网容量（万 kW） | 累计上网电量（亿 kWh） | 弃风率 | 年利用小时（h） |
|---|---|---|---|---|---|---|---|
| 合计 | 17341.31 | 7704.22 | 1981.3 | 9637.09 | 1533.86 | 8% | 1893 |
| 北京 | 19.95 | 4.95 | 0 | 15 | 2.55 | 0% | 1929 |
| 天津 | 47.15 | 18.6 | 5.7 | 28.55 | 5.53 | 1% | 2250 |
| 河北 | 1375.57 | 462.51 | 137.7 | 913.06 | 149.28 | 12% | 1896 |
| 山西 | 929.56 | 474.41 | 139.2 | 455.15 | 73.62 | 0% | 1853 |
| 山东 | 1070.14 | 447.72 | 122.2 | 622.42 | 98.21 | 1% | 1782 |
| 内蒙古 | 2959.83 | 941.31 | 166.65 | 2018.52 | 360.75 | 9% | 2002 |
| 辽宁 | 802.65 | 194.26 | 45.02 | 608.39 | 100.18 | 6% | 1734 |
| 吉林 | 668.98 | 261 | 30.55 | 407.98 | 56.76 | 15% | 1501 |
| 黑龙江 | 681.55 | 227.85 | 61.55 | 453.7 | 69.92 | 12% | 1753 |

| 省（区、市） | 累计核准容量（万 kW） | 累计在建容量（万 kW） | 新增并网容量（万 kW） | 累计并网容量（万 kW） | 累计上网电量（亿 kWh） | 弃风率 | 年利用小时（h） |
|---|---|---|---|---|---|---|---|
| 上海 | 71.31 | 34.78 | 4.79 | 36.53 | 7.07 | 0% | 2082 |
| 江苏 | 647 | 344.74 | 46.04 | 302.26 | 54.61 | 0% | 2064 |
| 浙江 | 149.5 | 76.51 | 28.35 | 72.99 | 11.39 | 0% | 2202 |
| 安徽 | 211.38 | 129.1 | 33.08 | 82.28 | 12.63 | 0% | 1665 |
| 福建 | 242.75 | 83.4 | 13.2 | 159.35 | 37.53 | 0% | 2478 |
| 江西 | 147.26 | 110.51 | 6.9 | 36.75 | 5.55 | 0% | 1873 |
| 河南 | 234.42 | 190.59 | 16.9 | 43.83 | 6.76 | 0% | 2056 |
| 湖北 | 258.42 | 181.73 | 41.56 | 76.69 | 12.61 | 0% | 2032 |
| 湖南 | 120 | 50.12 | 36.18 | 69.88 | 7.57 | 0% | 1717 |
| 重庆 | 61.33 | 51.53 | 0.17 | 9.8 | 1.72 | 0% | 1880 |
| 四川 | 167.7 | 138.9 | 17.85 | 28.8 | 3.53 | 0% | 2433 |
| 陕西 | 343 | 212.7 | 29.7 | 130.3 | 21.14 | 2% | 1961 |
| 甘肃 | 1296 | 288.44 | 304.75 | 1007.56 | 112 | 11% | 1596 |
| 青海 | 85.95 | 54.1 | 21.75 | 31.85 | 4.29 | 0% | 1723 |
| 宁夏 | 1023.27 | 605.46 | 116.02 | 417.81 | 68.27 | 0% | 1973 |
| 新疆 | 1825 | 1021.07 | 303.3 | 803.93 | 132.25 | 15% | 2094 |
| 西藏 | 4.5 | 3.75 | 0.75 | 0.75 | 0.09 | 0% | 1333 |
| 广东 | 428.83 | 224.09 | 50.35 | 204.74 | 30.83 | 0% | 1615 |
| 广西 | 214.41 | 201.96 | 0 | 12.45 | 2.2 | 0% | 1819 |
| 海南 | 38.55 | 7.68 | 0.6 | 30.87 | 4.85 | 0% | 1645 |
| 贵州 | 419.5 | 186.9 | 97.79 | 232.6 | 18.06 | 0% | 1575 |
| 云南 | 795.85 | 473.55 | 102.7 | 322.3 | 62.11 | 4% | 2511 |

数据来源：国家能源局

受国家促进光伏产业健康发展相关政策的鼓励，中国光伏发电产业发展迅速，截至 2014 年底，光伏发电累计装机容量 2805 万 kW，同比增长 60%，其中，光伏电站 2338 万 kW，分布式光伏装机容量 467 万 kW，年发电量约 250 亿 kWh，同比增长超过 200%。2014 年新增装机容量 1060 万 kW，约占全球新增装机容量的 1/5，占中国光伏电池组件产量的 1/3，实现了《国务院关于促进光伏产业健康发展的若干意见》中提出的平均年增 1000 万 kW 目标（见表 1-2）。

表 1-2　　　　　　　　　　　2014 年光伏发电统计信息表　　　　　　　　　　　（万 kW）

| 省（区、市） | 累计光伏发电装机容量 | 累计装机容量分布式光伏发电 | 累计装机容量新增光伏发电装机容量 | 分布式光伏发电累计装机容量 |
|---|---|---|---|---|
| 总计 | 2805 | 467 | 1060 | 205 |
| 北京 | 14 | 14 | 5 | 5 |

| 省（区、市） | 累计光伏发电装机容量 | 累计装机容量分布式光伏发电 | 累计装机容量新增光伏发电装机容量 | 分布式光伏发电累计装机容量 |
|---|---|---|---|---|
| 天津 | 10 | 7 | 8 | 5 |
| 河北 | 150 | 27 | 97 | 8 |
| 山西 | 44 | 1 | 23 | 1 |
| 内蒙古 | 302 | 18 | 164 | 4 |
| 辽宁 | 10 | 6 | 5 | 4 |
| 吉林 | 6 | 0 | 5 | 0 |
| 黑龙江 | 1 | 0 | 0 | 0 |
| 上海 | 18 | 16 | 0 | 0 |
| 江苏 | 257 | 85 | 152 | 57 |
| 浙江 | 73 | 70 | 30 | 27 |
| 安徽 | 51 | 25 | 43 | 18 |
| 福建 | 12 | 12 | 4 | 4 |
| 江西 | 39 | 26 | 26 | 15 |
| 山东 | 60 | 38 | 32 | 18 |
| 河南 | 23 | 16 | 16 | 1 |
| 湖北 | 14 | 6 | 9 | 1 |
| 湖南 | 29 | 29 | 5 | 5 |
| 广东 | 52 | 50 | 22 | 20 |
| 广西 | 9 | 7 | 4 | 2 |
| 海南 | 19 | 5 | 7 | 0 |
| 重庆 | 0 | 0 | 0 | 0 |
| 四川 | 6 | 1 | 3 | 1 |
| 贵州 | 0 | 0 | 0 | 0 |
| 云南 | 35 | 2 | 15 | 0 |
| 西藏 | 15 | 0 | 4 | 0 |
| 陕西 | 55 | 3 | 42 | 1 |
| 甘肃 | 517 | 0 | 97 | 0 |
| 青海 | 413 | 0 | 102 | 0 |
| 宁夏 | 217 | 0 | 82 | 0 |
| 新疆 | 275 | 4 | 42 | 0 |
| 新疆兵团 | 81 | 0 | 17 | 0 |

数据来源：国家能源局

　　根据《能源发展战略行动计划（2014～2020 年）》，未来新能源发电仍将快速发展，到 2020 年风电和光伏装机容量将达到 2 亿 kW 和 1 亿 kW。以风电和光伏为代表的新能源正逐步成为我国重要的能源资源。

但当前新能源消纳形势不容乐观，2013年全国平均弃风率达10%，弃风电量约150亿kWh；2014年，在全国来风情况普遍比往年偏小8%～12%的情况下，全国风电平均弃风率仍达8%，部分风电大省弃风率超过10%；根据国家能源局统计，2015年1～6月全国平均弃光率10%；其中甘肃弃光率28%，新疆（含兵团）弃光率19%。

除风电、光伏的无污染、可再生、环境友好等特性，风电和光伏同时具有典型的波动性和间歇性，风电还具有反调峰特性，与常规能源相比，供电可靠性较低，并且难以有效预测、调度和控制，电网安全运行控制风险增加；其次，中国风电、光伏资源的地域特征明显，与需求呈逆向分布，由于风电场和光伏电站当地用电需求小，中国在风能、光伏资源开发上采用的是"大规模集中式开发、高电压远距离输送"模式，不同于丹麦、德国等欧洲国家采用的"分布式开发、就地消纳"模式，随着风电和光伏等间歇式新能源的爆发式增长，地区电网间歇式能源渗透率增加，风、光电场接入、输送和消纳问题突出；此外，在中国包括华北在内的北方大部分地区，冬季大量热电联产机组需要保证出力，风电的反调峰特性进一步加剧了电网运行的矛盾，为电网运行方式安排和运行控制带来巨大冲击，并且资源有效配置问题有待解决。

为鼓励新能源发展，国家出台了一系列扶持政策，并要求电网公司尽可能全额消纳新能源发电，一旦出现弃风、弃光的情况，电网公司就面临来自社会各方面的压力和指责。根据对以往风电和光伏间歇式接入和运行控制历史数据的分析，发现电网间歇式能源接纳能力不足主要受制于电网结构薄弱以及电源布局不合理等现状，无法满足高渗透率新能源发电接入后的电网频率电压和供电可靠性要求。但也发现，常规机组启停和出力计划安排对新能源接纳也有非常明显的影响，合理的常规能源与间歇式能源发电协调优化，有助于挖掘电网潜力，提升风电、光伏等间歇式新能源发电接纳能力。

抽水蓄能电站作为电力系统中重要的储能装置，具有削峰填谷、调频调相等功能，能够有效减少风电并网对电网运行的冲击，提升电网调峰能力和系统运行的灵活性，对于提高电网安全、稳定、经济运行水平具有重要作用。在风电、光伏等清洁能源大规模发展的同时配套建设一定比例的抽水蓄能电站已经成为行业的共识，根据《国家发展改革委关于促进抽水蓄能电站健康有序发展有关问题的意见》，发展抽水蓄能电站作为构建安全、稳定、经济、清洁现代能源体系的重要战略举措。

预计到 2025 年，全国抽水蓄能电站总装机容量达到约 1 亿 kW，占全国电力总装机的比重 4%左右。通过间歇式能源与抽蓄机组的协调优化，充分发挥抽蓄机组作用，抵消风电等间歇式间歇性、波动性及反调峰特性对电网安全造成的威胁，把波动的、质量不高的新能源电量转换为稳定的、高质量的峰荷电量，减少火电机组参与调峰的启停次数，对提高火电机组节煤减排效益，避免风能、光能资源的浪费，促进能源统一优化配置有非常重要的意义。

## 1.2  国内外研究现状

近几年国内外日前、日内和实时调度领域对考虑安全约束的日前计划和日内、实时计划编制提出了迫切需求。在安全约束机组组合（Security Constrainted Unit Commitment，SCUC）和安全约束经济调度（Security Constrained Economic Dispatch，SCED）方面取得了不少研究成果，能够在机组组合和经济调度中充分考虑各种电网安全约束，在计算速度和收敛性方面也取得了突破性进展，并成功应用于实际电力系统，但国外日前和日内发电计划优化多数基于电力市场模式，与国内调度需求存在较大的差异；同时，国内特别是北方以煤电为主的电源结构也与国外有较大的差异，煤电机组启停时间长、启停费用高，使得机组启停优化与国外主要考虑日前机组组合优化有较大的差异。

在国内，随着智能电网调度控制系统统一平台（D5000）的建设，以安全约束机组组合和安全约束经济调度为核心的调度计划与安全校核应用的研究开发与试点应用取得了重大成果，研发了能适应多种调度模式和多目标的安全约束经济调度和安全约束机组组合工程实用化优化模型和算法，实现了调度计划优化计算与静态安全校核的分解协调和闭环迭代，计算速度和稳定性满足大规模电网上线应用的要求。在各地网（省）调智能电网调度技术支持系统得到广泛的推广应用，在电网日前、日内发电计划编制和静态安全校核中发挥了重要作用，实现了调度计划多级协调精益化转型。

在新能源功率预测技术研究方面，经过近 20 年的发展，风电、光伏功率预测系统已获得了广泛的应用，风电、光伏发电发达国家，如丹麦、德国、西班牙等均有成熟的风电、光伏功率预测系统。近年来，国际新能源功率预测随着更高级、适用于复杂地形、极端天气条件预测模型的深入研究与发展，短期和超短期新能源功率预测精度逐步提高，日前风电、光伏功率预测精度已经超过 80%。

经过多年的技术攻关，中国在新能源功率预测的研发方面取得了重大突破。自主研发的风电场功率预测系统已经在多个网省调以及众多风电场投运或者即将投运，预测精度达到国外同类产品水平，为电网发电计划的制订和新能源消纳奠定了基础。

目前的调度计划应用侧重于日前、日内常规能源机组的协调优化，更长周期内机组启停优化主要依靠人工决策；对风电、光伏等间歇式新能源与常规能源的协调优化方法较为简单，对风电、光伏等间歇式新能源的优化策略一般将新能源功率预测结果以固定出力的方式参与日前、日内发电计划的优化编制，通过优化常规机组的启停和计划出力来最大可能地消纳间歇式新能源；在新能源全额消纳困难的情况下，主要依靠人工决策调整常规机组运行计划和优化新能源机组出力，电网大范围资源优化配置和风电接纳能力优化提升受到限制。

因此，为提升大规模间歇性新能源接纳能力，尤其是大规模风电和光伏等间歇式能源接纳能力，需要将大规模风电接入下的电网运行控制安全防线前移，由实时调度控制延伸到日前及更长阶段的计划编制；在月、周、日前、日内计划阶段实现火电等常规能源与抽蓄机组、风电等间歇式新能源的协调优化；利用高精度负荷预测和新能源功率预测信息，通过月、周、日前、日内间歇式新能源与常规能源协调优化，分析、消除大规模间歇式新能源接入面临的主要风险，为实时调度提供更大的安全裕度和更为广泛的调节手段。

## 1.3 优化算法原理及工具

### 1.3.1 安全约束机组组合算法

安全约束机组组合（SCUC）算法一直是电力系统研究的热点领域，大致经历了三个发展阶段。

第一阶段，机组启停与出力分配分别优化，前者采用优先顺序法或动态规划法优化机组启停，后者在确定的开停计划基础上，采用基于等微增原理的 λ 迭代法分配机组出力。

第二阶段，出现了机组启停和出力分配的联合优化方法，如拉格朗日（Lagrange）松弛算法和人工智能方法（如遗传算法、模拟退火算法等），拉格朗日松弛算法在实际电力工业中得到广泛应用，但不能考虑电网安全问题，通常再需要辅助最优潮流（Optimal Power Flow，OPF）程序对各个时段的发电计划进行安全校正，由于 OPF 分别孤立地对每一个时段进行校正，因此容易引起机组出力在不同时段的反复调节，甚至违反机组爬坡速度和持续启停机的约束。

第三阶段，即当前考虑电网安全的安全约束机组组合（SCUC）算法，SCUC 提出了多时段上的机组启停、出力分配、电网安全的联合优化，目前主要有两种算法——拉格朗日松弛算法和混合整数规划算法（Mixed Integer Programming，MIP），其中由于拉格朗日松弛算法在组合建模（如联合循环机组）和拉格朗日乘子迭代方面存在一些困难，当前 SCUC 研究和应用较广的是 MIP 算法。

传统的 MIP 算法采用分支定界原理进行离散变量组合优化，由于存在"组合爆炸"问题，难以满足电力系统大规模优化的要求。但近几年，随着 MIP 算法的发展，特别是割平面算法、分支割平面算法的引入，MIP 在求解大规模问题方面得到长足进步，并成功应用于电力系统中。MIP 在求解 SCUC 的算法原理和过程为：

（1）线性化。MIP 算法基于线性优化方法，在求解 SCUC 问题时，首先需要将非线性因素作线性化逼近，包括发电成本曲线的线性逼近、潮流约束的灵敏度线性化。

（2）松弛离散变量，求解松弛问题最优解。将 SCUC 问题中的离散变量松弛，形成不考虑整数约束的松弛问题，采用线性规划法求解松弛问题，该问题的最优解即为 SCUC 问题的理论下界值。

（3）以松弛问题的最优解为初始点，进行整数分割寻优，求解整数变量可行解。

（4）判断整数可行解与第（2）步中的松弛最优解之间的间隙是否满足收敛精度。如果满足则结束，否则转入第（3）步，寻找其他分支，直到满足收敛条件。

MIP 算法的核心在于组合分支的选择和寻优，这是决定 MIP 算法效率和实用性的关键。当前的 MIP 算法在分支寻优过程中，广泛引入的割平面技术，包括团分割、广义上限覆盖割平面、流路径割平面、流覆盖割平面、隐式边界割平面、混合整数舍入割平面等，这些方法避免无效分支选择，加快组合空间的搜索。

## 1.3.2 多目标问题优化求解方法

间歇式能源与常规能源发电计划优化本质上是一个考虑诸多约束和目标的多目标优化问题。多目标优化问题首先由法国经济学家帕累托（V. Pareto）在研究经济平衡时提出，并且引进和推广了帕累托最优解。多目标优化问题中的每个目标称为子目标。由于各个子目标之间的相互影响和作用使得对多目标优化时不仅仅是满足每个子目标的最优化条件，而且要满足子目标间相互关系的约束条件。因为子目标间的关系也就是子目标约束条件往往是复杂的，有时甚至是相互矛盾的，所以多目标优化问题实质上是处理这种不确定的子目标约束条件。

### 1.3.2.1 多目标优化问题的数学描述

多目标优化问题的数学描述由决策变量、目标函数、约束条件组成。由于多目标优化问题的应用领域不同，其数学描述也不同，包括一般多目标优化、动态多目标优化、确定多目标优化和不确定多目标优化等几种。

一般多目标优化数学描述为

$$\min(\&\max)y = f(x) = [f_1(x), f_2(x), \cdots, f_n(x)] \quad (n=1,2,\cdots,N) \quad (1-1)$$

$$\text{s. t.} \quad g(x) = [g_1(x), g_2(x), \cdots, g_k(x)] \leqslant 0$$

$$h(x) = [h_1(x), h_2(x), \cdots, h_m(x)] = 0$$

$$x = [x_1, x_2, \cdots, x_d, \cdots, x_D]$$

$$x_{d\_\min} \leqslant x_d \leqslant x_{d\_\max} \quad (d=1,2,\cdots,D)$$

式中：$x$ 为 $D$ 维决策变量；$y$ 为目标函数；$N$ 为优化目标总数；$f_n(x)$ 为第 $n$ 个子目标函数；$g(x)$ 为 $k$ 项不等式约束条件；$h(x)$ 为 $m$ 项等式约束条件，约束条件构成了可行域；$x_{d\_\min}$ 和 $x_{d\_\max}$ 为向量搜索的上下限。以上方程表示的多目标最优化问题包括最小化（min）问题、最大化（max）问题以及确定多目标优化问题。

动态多目标优化问题的数学描述在一般多目标优化问题的基础上增加了时间变量 $t$。其方程表示为

$$\min(\&\max)y = f(x,t) = [f_1(x,t), f_2(x,t), \cdots, f_n(x,t)]$$

$$(n=1,2,\cdots,N) \quad (1-2)$$

$$\text{s. t.} \quad g(x,t)=[g_1(x,t),g_2(x,t),\cdots,g_k(x,t)]\leqslant0$$

$$h(x,t)=[h_1(x,t),h_2(x,t),\cdots,h_m(x,t)]=0$$

$$x(t)=[x_1(t),x_2(t),\cdots,x_d(t),\cdots,x_D(t)]$$

$$x_{d\_\min}(t)\leqslant x_d(t)\leqslant x_{d\_\max}(t) \quad (d=1,2,\cdots,D)$$

不确定多目标优化问题的数学描述则在一般多目标优化问题的基础上增加了 $q$ 维不确定量 $a$，其方程表示为

$$\min(\&\max)y=f(x,a)=[f_1(x,a),f_2(x,a),\cdots,f_n(x,a)]$$

$$(n=1,2,\cdots,N) \tag{1-3}$$

$$\text{s. t.} \quad g(x,a)=[g_1(x,a),g_2(x,a),\cdots,g_k(x,a)]\leqslant v_k^I$$

$$h(x,a)=[h_1(x,a),h_2(x,a),\cdots,h_m(x,a)]=b_m^I$$

$$a\in a^I=[a^L,a^R]$$

$$x=[x_1,x_2,\cdots,x_d,\cdots,x_D]$$

$$x_{d\_\min}\leqslant x_d\leqslant x_{d\_\max} \quad (d=1,2,\cdots,D)$$

式中：$a^I$ 为不确定量 $a$，$a^I$ 的区间为 $a^L$ 到 $a^R$；$v_k^I$ 为不等式约束的允许区间；$b_m^I$ 为等式约束的允许区间。

### 1.3.2.2 多目标优化问题的帕累托最优解

求解多目标优化问题的过程就是寻找帕累托最优解的过程。所谓的帕累托最优解也被称为非劣最优解。帕累托最优解是在集合论的基础上提出的一种对多目标解的向量评估方式。因此，所谓的最优解只是一种评价解的优劣的标准。而所谓的优劣性就是指在目标函数的解集中对其中一个或多个子目标函数的进一步优化不会使其他子目标函数的解超出规定的范围，即在多目标优化中对某些子目标的优化不能影响到其他子目标的优化而容许的整个多目标的最优解。

在帕累托最优解中引入了支配向量。支配向量的定义为：对任意的 $d\in[1,D]$，满足 $x_d^*\leqslant x_d$ 且存在 $d_0\in[1,D]$ 有 $x_{d_0}^*\leqslant x_{d_0}$，则向量 $x^*=[x_1^*,x_2^*,\cdots,x_d^*,\cdots,x_D^*]$ 支配向量 $x=[x_1,x_2,\cdots,x_d,\cdots,x_D]$。当 $f(x^*)$ 与 $f(x)$ 满足以下条件，$\forall n$，$f_n(x^*)\leqslant f_n(x)$ $(n=1,2,\cdots,N)$，$\exists n_0$，$f_{n_0}(x^*)<f_{n_0}(x)$ $(1\leqslant n_0\leqslant N)$，则称 $f(x^*)$ 支配 $f(x)$。$f(x)$ 的支配关系和 $x$ 的支配关系一致。

若 $x^*$ 是决策变量中的一点（适用于集合论时，将决策变量称为搜索空间），当且仅当在搜索空间的可行域内不存在 $x$ 使得 $f_n(x)\leqslant f_n(x^*)$ $(n=1,2,\cdots,N)$

成立时，称 $f(x^*)$ 为非劣最优解。对于多目标优化问题 $f(x)$，当且仅当在搜索空间中的任意 $x$，都有 $f(x^*) \leqslant f(x)$，则称 $f(x^*)$ 为全局最优解。由所有非优劣最优解组成的集合称为多目标优化的最优解集。所有的帕累托最优解集对应的目标函数值所形成的区域称为帕累托前端。

可见，帕累托最优解只是给出了多目标优化问题的解的评价标准，并没有提供切实可行的解的过程，因此，从多目标优化问题提出到帕累托最优解的提出，都未能触及多目标优化问题的实质。多目标优化问题的解决需要提出各种不同的算法来达到最终的求解。目前的多目标优化问题研究就是集中在优化算法的研究以及与具体的工程实践的结合。为了对各种算法进行评价，我们引入优化算法的性能评价体系。

### 1.3.2.3　多目标优化算法的性能评价

多目标优化算法的评级指标通常有：逼近性、均匀性、宽广性、最优解数目、收敛性度量值 $\gamma$ 和多样性度量值 $\Delta$。

逼近性用来描述算法所获得的非劣最优解与帕累托前端的距离，即 $GD = \dfrac{\sqrt{\sum\limits_{i=1}^{n} dist_i^2}}{n}$，$dist_i$ 为第 $i$ 个非劣解与帕累托前端的距离。

均匀性用来描述非劣解在帕累托前端上的分布范围，即 $SP = \sqrt{\dfrac{1}{n-1} \sum\limits_{i=1}^{n} (\bar{d} - d_i)^2}$，$d_i$ 为两非劣解间的距离，$\bar{d}$ 为其平均值。

宽广性用来描述非劣最优解的分布范围，最优解数目用来描述在算法获得的非劣最优解中不属于帕累托前端的解所占的比例。

收敛性度量值用来衡量一组已知的帕累托最优解集的收敛范围。收敛性度量的评价方法为在多目标优化问题的帕累托前端均匀地取若干点构成帕累托前端基点系，计算由算法获得的帕累托最优解与基点之间的距离的最小值，所有这些最小值的平均值就是收敛性度量值。

多样性度量值用来衡量帕累托前端的分布。多样性度量的评价方法将算法获得的所有非劣解按目标函数有序分布在帕累托前端中，然后计算这些非劣解中连续解的距离 $d_i$ 及 $\bar{d}$，同时计算帕累托前端中极值点的距离 $d_f$ 和边界点的距离 $d_l$，则多

样性指标表示为：$\Delta = \dfrac{d_{\mathrm{f}} + d_1 + \sum\limits_{i=1}^{n-1}|d_i - \bar{d}|}{d_{\mathrm{f}} + d_1 + (n-1)\bar{d}}$。多样性度量值反映了非劣解是否均匀分布。

以上的评价标准从各个方面表征了算法获得的非劣解的在帕累托前端中的分布情况，其中，最常用的评价指标为收敛性度量值和多样性度量值。随之而形成三类主要的评价方法：①评价非劣解的收敛性性能；②评价非劣解的多样性性能；③评价包括收敛性和多样性的综合性能。

#### 1.3.2.4 传统多目标优化算法

传统优化算法的总体思路是，将多目标优化问题通过一定的人为方法将其转化为单目标优化问题，然后求解转化之后的单目标优化问题。常用的方法有目标加权法、约束法和目标规划法等。

（1）目标加权法。目标加权法将多目标优化问题中的各个子目标按照线性组合的方式将多目标优化转化为单个总体目标，然后进行优化求解。其表达式为

$$p(x) = \sum_{i=1}^{n} w_i f_i(x) \tag{1-4}$$

式中：$p(x)$ 为总体目标函数；$w_i$ 为加权系数，$\sum\limits_{i=1}^{n} w_i = 1$。

加权系数人为地根据各个子目标函数的重要程度进行分配。可见，这种算法明显地带有主观性，需要在工程实践中不断地进行改进。

（2）约束法。约束法的实质是在多目标优化问题中选取其中的一个子目标作为新优化问题的目标函数，将其他子目标转化为约束条件。设选取的子目标为第 $k$ 个子目标，则其他 $n-1$ 个子目标转化为约束条件，其表达式为

$$\begin{aligned}
&\min(\&\max) \quad y = f(x) = f_k(x) \quad (1 \leqslant k \leqslant N)\\
&\text{s. t.} \qquad g_i(x) = f_i(x) \geqslant \varepsilon_i \quad (1 < i < n, i \neq k, n = 1, 2, \cdots, N)\\
&\qquad\qquad x = [x_1, x_2, \cdots, x_d, \cdots, x_D]\\
&\qquad\qquad x_{d\_\min} \leqslant x_d \leqslant x_{d\_\max} \quad (d = 1, 2, \cdots, D)
\end{aligned} \tag{1-5}$$

式中：$\varepsilon_i$ 为人为设定的下界，通过调节 $\varepsilon_i$ 搜索帕累托最优解。可见这种方法实现多目标最优化时也存在人为因素，同加权法一样需要技术人员的经验积累。

（3）目标规划法。目标规划法则首先单独求出各子目标函数的最优解 $f(x^*)$，然后进行归一化求和，最终实现多目标优化。其归一化求和表达式为

$$F\left(x\right)=\sum_{i=1}^{N}\left[\frac{f_i\left(x\right)-f_i\left(x^*\right)}{f_i\left(x^*\right)}\right]^2 \tag{1-6}$$

目标规划法的关键在于求得各个子目标函数的最优解 $f\left(x^*\right)$。这种方法虽然可以避免人为因素的影响，但归一化求和后所得的帕累托最优解往往不能满足多目标优化问题的实践要求。

可见，传统优化算法存在着诸多缺陷，无法满足现代工程实践的要求，因此，随着科学技术的进步，尤其是信息化技术的进步，使得提出更加科学合理的智能优化算法成为可能。

### 1.3.3　常用优化工具软件

常用支持大规模 SCUC 模型求解的优化工具软件包括 Xpress-MP 和 CPLEX 软件。

Xpress-MP 软件是英国 Dash Optimization 公司研发的一个数学建模和优化工具包，它用于求解线性、整数、二次、非线性以及随机规划问题。Xpress-MP 工具包可以用于所有常见的计算机平台，并具有不同性能的版本，以及解决各种不同规模的问题。本产品支持多种用户/软件接口，包括可以使用 C、C++、VB、Java 和 .net 语言进行调用的 API 库，以及独立的命令行界面。

CPLEX 是美国 IBM 公司中的一个优化引擎。该优化引擎用来求解线性规划、二次规划、混合整数规划等问题。CPLEX 具有求解速度非常快、提供超线性加速功能的优势。其自带的语言简单易懂，并且与众多优化软件及语言兼容（与 C++、JAVA、EXCEL、Matlab 等都有接口），因此在西方国家应用十分广泛。由于在中国还刚刚全面推广不久，因此应用还不是很广，但是发展空间很大。

在求解优化问题时，有些问题 Xpress-MP 可以求解，CPLEX 不能求解，但是也同样存在 CPLEX 可以求解 Xpress-MP 不可以求解的问题。

## 1.4　关　键　技　术

间歇式能源协调优化调度关键技术研究立足于支撑统一坚强智能电网的运行需要，面向实际需求，为大电网新能源与常规能源协调优化和调度计划业务提供坚实的基础和可靠手段，主要的关键技术包括基于数值天气预报的多时间尺度新能源功率预测、大规模间歇式能源接入下电网备用需求分析模型、间歇式能源发电计划优化调整模型、间歇式能源与常规能源发电计划协调优化模型、大规模间歇式能源最大接入分析方法、大规模间歇式能源接入相容性分析方法、大规模间歇式能源接纳成效动态分析方法、适应大规模间歇式能源接入多周期协调优化调度系统的研发与应用。

（1）基于数值天气预报的多时间尺度新能源功率预测。采用数值天气预报产品作为新能源短期功率预测的数据源，采用多模型、统计升尺度方法进行短期和超短期新能源电场功率预测，提高预报精度；采用测风塔实时气象采集数据对数值天气预报结果进行评估，实现对数值预报模式的优化，提升新能源功率预报的准确度；利用区域功率特征分布的统计信息，以区域内1个（或多个）风电场为区域特征样本，建立区域预报模型，实现新能源功率的全网预测，并对新能源功率预测结果进行后评估分析。

（2）大规模间歇式能源接入下电网备用需求分析模型。考虑大规模风电、光伏的间歇特性，同时兼顾电网运行安全性和经济性，根据间歇式能源的季节性规律性变化，将相似性理论引入到间歇式能源输出功率变化规律的研究中，通过相似日比较，选出与计划日期较为相似的历史数据；根据间歇式能源日内时段的规律变化，引入聚类分析技术，对相似日间歇式能源功率预测数据进行统计分析，建立间歇式功率预测误差与旋转备用需求变化间的关联模型，形成日前系统备用需求计划。

（3）间歇式能源发电计划优化调整模型。根据间歇式能源发电时变性强，预测偏差大的特点，建立考虑间歇式能源功率并网的发电计划模型，通过对将间歇式能源功率固定出力方式和间歇式能源机组作为零发电成本的常规机组两种处理方法进行分析，提出间歇式能源发电计划优化成本处理方法，该方法在新能源功率预测出力基础上，根据间歇式能源优化策略和调峰约束要求，将间歇式能源机组与常规发电机组进行统一优化，在满足电网安全的前提下，提高间歇式能源的消纳电量。

（4）间歇式能源与常规能源发电计划协调优化模型。建立抽水蓄能机组与风电、光伏机组、常规发电机组的统一优化模型，利用抽蓄机组的储能作用，抵消间歇式能源间歇性、波动性及反调峰特性对电网安全稳定运行造成的影响，降低常规火电机组参与启停调峰的次数，提高火电机组节煤减排效益，避免风能资源的浪费，促进能源统一优化配置。

（5）大规模间歇式能源最大接入分析方法。基于安全约束经济调度（SCED）

模型，建立大规模间歇式能源最大接入分析方法，根据短期和超短期新能源功率预测数据以及电网的实际运行状态，分区评估电网间歇式能源接入地区在当前条件下未来一段时间内最大接入间歇式能源的最大接纳能力，为下一步的日内、实时计划编制与调度运行提供参考信息。

（6）大规模间歇式能源接入相容性分析方法。建立间歇式能源接入相容性分析方法，判断日前计划机组组合是否满足间歇式能源极端波动情况下全接纳需求，评估日前机组组合计划在间歇式能源出力极端波动的情况下电网全接纳间歇式能源可能面临的潜在风险，为间歇式能源调度安全性提前预警。

（7）大规模间歇式能源接纳成效动态分析方法。基于间歇式能源和常规能源协调优化的安全约束机组组合（SCUC）模型，建立大规模间歇式能源接纳成效动态分析方法，分析通过允许部分机组启停、火电机组深度调峰、固定出力计划的调整、优化外部联络线送受电能计划、调整系统备用需求等途径，研究在改变电网资源利用的不同边界条件下，电网消纳间歇式能源能力的变化，发现提升间歇式能源消纳能力的途径和方法，为电网调度计划编制和间歇式能源接入优化提供辅助分析依据。

（8）适应大规模间歇式能源接入多周期协调优化调度系统的研发与应用。基于智能电网调度控制系统统一支撑平台（D5000），研究并开发了适应大规模间歇式能源接入的间歇式能源多周期协调优化调度系统并成功应用。系统实现了短期和超短期新能源功率预测、大规模间歇式能源接入下备用需求分析、月、周、日前和日内多周期间歇式能源与常规能源协调优化发电计划编制。

月度及周计划阶段，采用多日间歇式能源机组和常规能源机组协调优化算法实现间歇式能源与常规能源及机组组合滚动优化，拓展考虑中长期各类生产需求，包括电量执行进度满足"三公"（公开、公平、公正）要求、间歇式能源消纳、供热机组的供热周期、机组运行平均负荷率等，解决月、周计划阶段电力电量耦合和多目标联合优化问题。通过优化机组停备，提升电网消纳间歇式新能源能力，在满足"三公"进度均衡的前提下，尽可能优化机组负荷率水平。

日前间歇式能源、火电和抽蓄机组发电计划协调优化编制，支持节能和"三公"调度模式，并与静态安全校核服务闭环迭代；根据日前计划机组组合，分析大规模间歇式能源接入的相容性，为间歇式能源消纳潜在风险提供预警；分析在改变电网资源利用条件提升间歇式能源消纳的途径和方法，为电网日前计划优化和间歇式能源接入优化提供辅助分析依据。

在日内计划阶段，系统采用间歇式能源接入最大分析方法，根据短期和超短期新能源功率预测数据和电网实际运行状态，分析未来一段时间内各区域间歇式能源接入最大能力，为日内计划和调度运行提供参考信息；实现日内间歇式能源、火电和抽蓄机组发电计划滚动优化编制，根据超短期负荷预测与母线负荷预测、超短期风功率预测数据和电网当前状态，综合考虑日前日内计划的协调运作，滚动优化编制未来一段时间内电网发电计划，并与静态安全校核服务闭环迭代。

# 2 多时间尺度新能源功率预测

## 2.1 概　　述

　　风电、光伏等新能源功率预测技术对于改善新能源并网对电力系统的影响、推动新能源与电网的协调发展发挥着重要作用。通过准确预测风电场和光伏电站出力，可以更加合理安排常规机组的发电计划，减少系统的旋转备用，提高系统运行的经济性。同时，通过提前预测新能源出力的波动，有助于合理安排应对措施，提高系统的安全性和可靠性。另外，提高新能源功率预测精度有助于调度人员制订更恰当、更准确的发电计划和机组组合方案，确保系统顺利运行。

　　按照预测的时间尺度，将新能源功率预测分为长期预测（年）、中期预测（数月）、短期预测（48～72h）和超短期预测（1～6h）四类。根据预测对象的空间尺度不同，又可按对单台风机或者光伏组件预测、对整个新能源电场预测、对一个地区所有新能源电场预测进行分类。每种分类都有各自的优缺点，根据实际功能需求，可以分别按时间和空间尺度的分类进行组合，得到多种新能源功率预测方式。从预测方法看，新能源功率预测大体可以分为两类：①直接利用新能源功率数据建立自回归统计模型进行预测，这类方法依赖于功率观测资料的在线传输，对数据的可靠性及时效性有很高要求；②先计算出风速/辐照预测结果，再根据已建立的风速/辐照与新能源功率的统计模型给出新能源功率预测，其重点在于风速/辐照预测的准确性，该类方法根据有无数值模式又分为统计预测和数值预测。

　　国外开展新能源功率预测已有 20 多年的历史，短期精确预测已经实现了商业化应用。主要商业软件包括德国的 WPMS、丹麦 RISO 国家实验室的 Zephyr、美国 TrueWind Solutions 公司的 E-Wind 及法国 Ecole desMines de Paris 公司的 AWPPS 等。总体看来，国外新能源功率预测精度与电网负荷预测相比，还存在较大差距。中国的新能源功率预测研究工作起步较晚，需要在充分吸收借鉴国外先进技术基础上，立足自主创新，开发适合国情的新能源功率预测工具。

## 2.2 基于数值天气预报的短期新能源功率预测

　　采用数值天气预报模式对新能源电场区域进行风力预测，在现有精细化数值预报模式分辨率的基础上，对关注的新能源电场区域进行同步加密计算，可得到指定预报点（风机样本点、测风塔）位置的预报值，从而准确预测出风速、风向、辐照等气象要素，得出未来 0～7 天风力/辐照预测结果。将风力/辐照预测的结果输入功率预测模型中，获得新能源电场全场输出功率预测结果。

## 2.2.1　天气预报技术简介

天气预报模型的设计开发采取与国内外多个专业气象研究机构合作的方式。气象研究机构一般采用数值天气预报技术，提供所选位置点的 0～168h 风力预测值。通过不同天气预报源的对比统计分析，使用自主研发的预报统计方法，从经验关系中提取变量，综合统计出精确的风速预测结果。以国内某气象研究机构的风速预报实现方法为例进行简要的介绍。

大气运动遵守牛顿第二定律、质量守恒定律、热力学能量守恒定律、气体实验定律和水汽守恒定律等物理定律，这些物理定律的数学表达式分别为运动方程、连续方程、热力学方程、状态方程和水汽方程等基本方程。它们构成了支配大气运动的基本方程组。

所谓数值天气预报，就是根据大气实际情况，在一定的初值和边值条件下，通过大型计算机作数值计算，求解描写天气演变过程的流体力学和热力学的方程组，预测未来一定时段的大气运动状态和天气现象的方法。

图 2-1 是数值天气预报的全球模型。数值天气预报模型非常复杂，并且需要大量的实测数据。一般全球模型的水平分辨率为 80km×80km～40km×40km。确定预报系统初始状态的实测数据通过大量的气象观测站、浮标、雷达、观测船、气象卫星和飞机等收集。世界气象组织制定了收集数据的格式和测量周期的标准。

这些资料都是不同时刻观测得到的，且这些资料的精度一般都比常规资料差。因此，如何利用这些非常规的观测资料，把它们和常规资料配合起来，丰富初始场的信息，是个重要的问题。需要采用四维同化方法把不同时刻、不同地区、不同性质的气象资料不断输入计算机，通过一定的预报模式，使之在动力和热力上协调，得到质量场和风场基本达到平衡的初始场，提供给预报模式使用。四维同化主要由预报模式、客观分析和初始化三部分组成。预报模式的作用是将先前的资料外推到当前的分析时刻；客观分析是将模式预报的信息与当前的观测资料结合起来，内插到格点上；初始化则是将分析场中的高频重力波过滤，保证计算的稳定性。

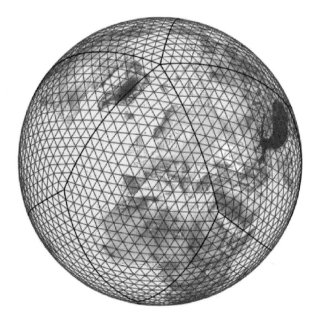

图 2-1　数值天气预报的全球模型

新能源电场短期功率预测方案流程如图 2-2 所示。

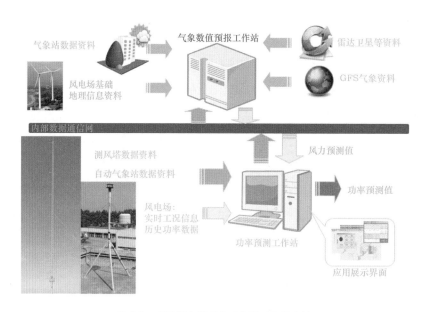

图 2-2　新能源电场短期功率预测方案流程

（1）资料同化。以中尺度气象模式（the Advanced Regional Prediction System，ARPS）的数据处理系统（ARPS Data Analysis System，ADAS）或四维同化系统（Four-dimensional Variational Data Assimilation，FDDA）等为基础，通过互联网实时获取全球预测系统（Global Forecast System，GFS）背景场，结合本地大量实时观测资料，重建中尺度区域模式所需的初始场。在获得精细化客观分析场的基础上，调试中尺度区域模式（the Weather Research and Forecasting Model，WRF），构建风力/辐照预估数值预报系统。业务化运行后，可将模式预报所得传送至后处理服务器，通过互联网向客户提供数据下载，并通过页面形式显示各气象要素场。

数值天气预报系统流程如图 2-3 所示。

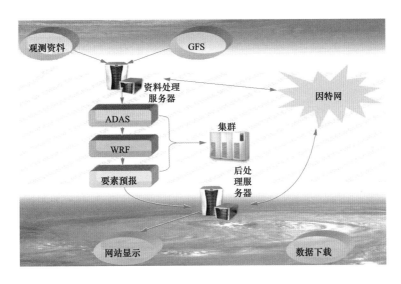

图 2-3　数值天气预报系统流程

ADAS 拟同化多种观测数据，主要包括探空观测和地面气象站观测，后者如常规天气观测、船舶观测、机场地面报、浮标、自动气象站、飞机观测。另外，也可同化多普勒天气雷达的 SA、SB 波段雷达的径向速度和反射率，以及风云二号 C 卫星的红外和可见光通道数据。其中，雷达反射率、风云二号 C 卫星的红外和可见光通道数据由复杂云分析系统引入。除雷达数据外，每个时刻的数据量基本稳定。观测数据的解码和初步质量控制主要由解码模块完成。FDDA 为地面资料同化参数选项，将每 30min 的风速、风向、温度、湿度和气压等资料文件按时间次序存放，进行地面观测数据同化。

（2）精细化释用。高时空分辨率的气象要素精细化预报（如风速，风向、辐照等）不可能仅仅依赖数值模式分辨率的提高来获得。这是因为，一方面受计算机性能的限制，另一方面，过高的分辨率会使数据以及模式本身的不确定性得到放大，甚至会适得其反。所以，在这种情况下，使用模式输出的数值预报产品再加上统计学或者人工智能技术就可以得到较高分辨率的预报结果。在这里，预报因子的选取和处理往往成为一个关键问题。下文介绍数值产品的释用技术。

1）完全预报法（Perfect Prediction，PP）。PP 法是 1959 年由美国的克莱因（W. H. Klein）提出的。该方法用历史资料中与预报对象同一时间的实际气象参数作为预报因子，建立统计关系。在建立预报方程时，选取的预报因子一方面是数值模式可以输出的量，另一方面是在历史资料中稍作加工就可以得到的量。这样，把数值预报结果代入到统计关系中，就能得到预报量。

PP 法建立的统计关系不会随着数值模式的变更而改动，因而不会影响业务工作的连续进行。但是，它不考虑数值模式本身所包含的误差，精度会受到一定的影响。

2）模式输出统计方法（Model Output Statistics，MOS）。MOS 法是 1972 年由美国气象学家格莱恩（H. R. Glahn）和劳里（D. A. Lowry）提出并投入业务预报使用的。MOS 法直接把数值产品作为预报因子，并与预报对应时刻的天气实况建立统计关系。做预报时，只要把数值模式输出的结果代入同级关系式，即可得到预报结果。

MOS 法可以自动修正数值预报的系统误差。但是，MOS 法要求至少有 1~2年的数值预报历史资料作为建模的样本资料，而且数值模式一旦有改进或者变动，就会影响预报的效果。

3）卡尔曼滤波法（Kalman Filtering）。卡尔曼滤波法是数学家卡尔曼（R. E. Kalman）于 1960 年创立的，1987 年开始应用到天气预报领域，主要用于制作连续预报量，如温度、风速等要素预报。用该方法建立的统计模型能够适应数值模式的更替。与一般回归方程不同的是，其预报方程的回归系数是随时间变化的，不需要太多的历史数据就可以求出一个回归系数的估算值，随着历史数据的增长，回归系数会有一个新的最佳估值，以此来适应数值模式的变更或者数值产品误差的变化。

4）人工神经网络（Artificial Neural Network，ANN）。ANN 的数学模型很

多，应用最为广泛的是反向传播模型（Back Propagation，BP）。其计算过程可分为两个阶段：第一个阶段为学习训练阶段，根据提供的样本资料，通过调整各层之间的权值，使之达到预定的拟合精度要求；第二阶段是应用阶段，依据学习阶段得到的权值，通过计算得到的输出量即为预报值。另外，还有一些其他的智能方法。

## 2.2.2 新能源输出功率预测模型的建立

新能源输出功率预测模型可采用以下七种方案建立。

方案一：分析各台风机/光伏组件历史功率和风力/辐照数据，建立各台风机/光伏组件的实际功率曲线函数，对各台风机/光伏组件分别建模，采用统计升尺度技术，以新能源电场内多个风机/光伏组件为新能源电场特征样本，建立整场输出功率预测模型。

方案二：通过对新能源电场场区的地形地貌和风机/光伏组件类型进行子区域的划分，选取各子区域的风机/光伏组件样本作为研究对象。分析样本机历史功率和风力/辐照数据，建立实际功率曲线函数，并根据新能源电场提供的历史数据，采用回归技术，建立子区域和整场输出功率预测模型。

方案三：分析各台风机/光伏历史功率和风力/辐照数据，建立各台风机/光伏组件的实际功率曲线函数，对各台风机/光伏组件分别建模，并根据新能源电场提供的历史数据，修订风机尾流、输电线损等影响因子，建立整场输出功率预测模型。

方案四：分析各台风机/光伏组件历史功率和风力/辐照数据，建立风电场实际运行的平均功率曲线函数，并根据新能源电场提供的历史数据，修订风机尾流、输电线损等影响因子，建立整场输出功率预测模型。

方案五：分析新能源电场全场历史功率和测风塔数据，建立全场实际功率曲线函数，对新能源电场全场建模，建立整场输出功率预测模型。

根据不同高层间的风切变关系，将数值天气预报数据转换到风机轮毂高层上来，并以此风力/辐照预测值作为输出功率预测模型的输入，进行整场的出力预测计算，最终输出新能源功率预测值。

方案六：通过对新能源电场场区的地形地貌和风机类型进行子区域的划分，选取各子区域的风机/光伏组件样本作为研究对象。分析新能源电场全场历史功率和样本机历史风力/辐照数据，建立全场实际功率曲线函数，并根据新能源电场提供的历史数据，修订风机尾流、输电线损等的影响因子，对新能源电场全场建模，建立整场输出功率预测模型。

方案七：结合以上六种方案，分析考虑新能源电场不同建设周期内不同型号风机/光伏组件可获取的风机/辐照数据，综合考虑组合分析，找到新能源电场输出功率和新能源电场内历史风力/辐照数据之间的关系，建立整场输出功率预测模型。

短期风电功率预测需考虑的影响因素还包括：①风速/辐照与新能源电场功率间的相关关系；②风机空间分布及尾流效应；③风向对新能源电场风能利用系数的影响关系；④空气密度对新能源电场风能密度的影响；⑤风机利用率对新能源电场功率饱和度的影响；⑥限电情况对新能源电场功率饱和度的影响。

## 2.3 基于时序的超短期新能源功率预测

已有的研究经验表明，新能源功率变化的超短期规律主要受最近一段时间气象的初始条件影响，可以用基于时间序列的方法研究。目前超短期功率预测较常见的做法是利用大量历史气象数据建立风速/辐照预测模型，将实时测风、测光数据代入，再通过风速/辐照功率转换模型推出超短期预测功率。常见的方法有持续时间法、自回归—滑动平均法（Auto-Regressive Moving Average，ARMA）、卡尔曼滤波法等。其中持续时间法最为简单，也是进行超短期预测方法的预测精度比较的基准。

ARMA 法是基于平稳随机信号假设的，通过相关性检验可以发现风速序列本身并不是平稳的，而风速序列的一阶差分是平稳的。ARMA 法无法对风速的长期变化趋势进行可靠预测，只能应用于超短期预测中。测试表明，用 ARMA 法对下 1~2 个风速点进行预测时，预测精度优于持续时间法，而更长时间的预测，其精度将逐渐低于持续时间法。

统计与计量的前沿研究领域是半参数与非参数方法。相对于参数估计，非参数估计方法并不假定函数的形式已知，也不设置参数，函数在每一点的值都由数据决定，从而避免模型分布形式选择不当带来的误差。非参数估计方法在天气预报领域应用较为广泛。使用非参数估计方法进行预报时，不需要建立预报方程，而是直接根据训练数据（历史样本）建立非参数估计模型，利用训练数据中蕴含的输入输出关系进行预报。核函数估计是非参数回归模型中的基本方法之一，它的主要思想是在大量历史数据的基础上，应用核函数和一定窗宽范围的历史数据对某一数据点对应的函数值进行估计或预报。

非参数估计的基本原理如下：对 $n$ 个给定样本 $(Y_1, X_1)$，$(Y_2, X_2)$，…，$(Y_n, X_n)$，其中 $Y$ 为被解释变量，$X$ 为解释变量，假定 $\{Y_i\}$ 独立同分布，可建立非参数回归模型

$$Y_i = g(X_i) + \varepsilon_i \tag{2-1}$$

根据核函数估计的思想，$X = x$ 对应的 $Y$ 值按式（2-2）进行估计，即

$$g(x) = \frac{\sum\limits_{i=1}^{n} K\left(\dfrac{x - X_i}{h}\right) Y_i}{\sum\limits_{i=1}^{n} K\left(\dfrac{x - X_i}{h}\right)} \tag{2-2}$$

式中：$K(\cdot)$ 为核函数，用以确定样本点 $Y_i$（$i=1$，…，$n$）在估计 $g(x)$ 中的权重。常用的核函数有均匀核 $K_0(u) = 0.5I$（$|u| \leqslant 1$）、高斯核 $K_1(u) = \dfrac{1}{(2\pi)^{1/2}} \exp\left(-\dfrac{1}{2} u^2\right)$ 和抛物线核 $K_2(u) = 0.75(1-u^2)_+$ 等；$h$ 为控制局部邻域大小的窗宽，是控制估计精度的重要参数。最佳的窗宽应既不过小也不过大。窗宽过小会放大随机误差，窗宽过大则会得到过分光滑的曲线，使估计失去意义。常用交错鉴定法选择最佳窗宽。

基于时序的超短期新能源功率预测会因来风或辐照情况不同，导致其预测的准确度也不同。例如，当来风的趋势发生突变时，对历史数据有一定记忆功能而具有一定的惯性的模型将不能很好预测出趋势的变化。由于之前的预测累计下来的误差，即使未来预测的趋势一致，也会有较大的预测误差。为了提高超短期风功率预测的精度，本书提出了一种基于来风模式的多种预测模型相结合的超短期预测方法。利用 ARMA 模型、非参数估计方法和数值天气预报的预测结果，根据最近一段时间范围内的来风情况滚动选取权重，得到超短期风功率预测的值。具体流程如图 2-4 所示。

通过滚动更新权重的方法，将不同预测模型所适用的来风/辐照情况与现有来风/辐照情况相匹配，则新能源功率预测系统的超短期新能源功率预测可将预测误差控制在 10% 以内。

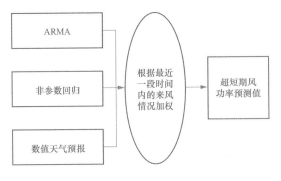

图 2-4　超短期新能源功率预测决策方法

## 2.4　基于统计升尺度技术的全网/区域/断面功率预测

基于统计升尺度技术的全网新能源功率预测算法，结合全网所包含的各个新能源电场功率历史数据及全网新能源功率历史数据，统计各个新能源电场的输出新能源功率与全网新能源输出功率间的相关性，并且对新能源电场预测精度进行分析。再选取与全网新能源电功率相关性强，且自身新能源功率预测精度较高的新能源电场作为代表新能源电场。依据各个代表新能源电场的权重系数和预测新能源功率，计算全网新能源功率预测值。以风电功率预测为例，具体步骤如下：

（1）对各个风电场输出功率与对应时间段电网全网输出总功率资料进行分析和数据质量控制。

（2）根据各新能源电场历史输出功率与全网输出功率的相关性系数矩阵，选取相关性高的风电场作为代表风电场，参与统计升尺度计算。

相关性系数的计算方法为

$$R_{FG} = \frac{\sum_{t=1}^{n}\left[(P_{Ft} - \overline{P_F})(P_{Gt} - \overline{P_G})\right]}{\sqrt{\sum_{t=1}^{n}(P_{Gt} - \overline{P_G})^2 \sum_{t=1}^{n}(P_{Ft} - \overline{P_F})^2}} \tag{2-3}$$

式中：$R_{FG}$ 为风电场 F 输出功率与全网所有风电场输出功率的相关系数；$t$ 为时间；$n$ 为数据个数；$P_{Ft}$ 为 $t$ 时刻风电场 F 的输出功率；$P_{Gt}$ 为 $t$ 时刻全网所有风电场的输出功率。

（3）计算各代表风电场的预测精度指标，包括预测相关系数、均方根误差、平均绝对误差，即

$$R_F = \frac{\sum_{t=1}^{n}\left[(PP_{Ft} - \overline{PP_F})(PF_{Ft} - \overline{PF_F})\right]}{\sqrt{\sum_{t=1}^{n}(PP_{Ft} - \overline{P_P})^2 \sum_{t=1}^{n}(PF_{Ft} - \overline{P_F})^2}} \tag{2-4}$$

$$RMSE = \frac{\sum_{t=1}^{n}(PF_{Ft} - \overline{PP_{Ft}})^2}{C_F \sqrt{n}} \tag{2-5}$$

$$MAE = \frac{\sum_{t=1}^{n}\left|PP_{Ft} - PF_{Ft}\right|}{C_F \sqrt{n}} \tag{2-6}$$

式中：$R_F$ 为风电场 F 输出功率与全网所有新能源电场输出功率的相关系数；$RMSE$ 为新能源电场功率预测的均方根误差；$MAE$ 为新能源电场功率预测的平均绝对误差；$C_F$ 为风电场 F 的装机容量；$t$ 为时间；$n$ 为数据个数；$PP_{Ft}$ 为 $t$ 时刻风电场 F 实际输出功率；$PF_{Ft}$ 为风电场 F 在 $t$ 时刻预测功率。

（4）选取输出功率与全网输出功率相关性高（$R_{FG} > 0.75$），且预测精度较高（$RMSE < 30\%$，$MAE < 25\%$）的新能源电场作为代表新能源电场。

（5）在计算全网新能源功率预测过程中，各个代表新能源电场的权重系数为 $b_F$，权重系数的具体计算方法为

$$\alpha_F = R_{FG} R_{FG} R_F \tag{2-7}$$

$$b_F = \frac{\alpha_F}{\sum_{F=1}^{m}\alpha_F} \tag{2-8}$$

式中：$F$ 表示第 $F$ 个新能源电场；$m$ 代表新能源电场的数目。

于是全网功率预测值可以表示为

$$P_{PG} = c b_F P_{PF} + d \tag{2-9}$$

式中：$P_{PG}$ 为全网功率预测值的时间序列矩阵；$P_{PF}$ 为 $F$ 新能源电场功率预测值的时间序列矩阵；$c$ 和 $d$ 为常数。

采用最小二乘法求解上述方程，计算常数 $c$ 和 $d$ 的值，代表新能源电场的权重系数 $\beta$ 可以表示为

$$b_F = \frac{\sum_{t=1}^{n}(b_F P_{PFt} - \overline{b_F P_{PF}})(P_{PGt} - \overline{P_{PGt}})}{\sum_{t=1}^{n}(b_F P_{PFt} - \overline{b_F P_{PFt}})^2} \tag{2-10}$$

$$\beta_F = c b_F \tag{2-11}$$

$$d = \overline{P_{PG}} - c(b_F \overline{P_{PF}}) \tag{2-12}$$

27

式中：$\beta_F$ 为风电场 F 的权重系数；$n$ 为时间序列的时间点个数；$P_{PFt}$ 表示 $t$ 时刻的风电场 F 功率预测值；$P_{PGt}$ 表示 $t$ 时刻的全网功率预测值。

因此，全网功率 $t$ 时刻的预测值可以根据代表电场的功率预测值采用统计升尺度的方法计算获得，具体表示为

$$P_{PGt} = \sum_{F=1}^{m} \beta_F P_{PFt} + d \tag{2-13}$$

## 2.5 新能源电场功率预测考核统计

### 2.5.1 系统功能

新能源电场功率预测考核统计模块实现各直调新能源电场短期功率预测结果、超短期功率预测结果的自动收集、解析与管理。该模块能够实现对新能源电场预测结果的考核，特别针对部分新能源渗透率高电网频繁限电的情况，可在限电时段内采用限电还原技术进行考核，对预测合格率、准确率、上传率等关键指标进行考核分析并提供排名，督促新能源电场端提高预测精度，最终促使全网新能源电场预测精度不断提高。

### 2.5.2 技术路线

#### 2.5.2.1 新能源电场数据上送方案

新能源电场端数据通过网络方式传至Ⅱ区调度预测主站，可采用文件传输协议（File Transfer Protocol，FTP）方式或者 IEC 102 规约方式。采用 FTP 方式时，预测系统建立 FTP 服务器，接收新能源电场端主动上送的预测结果数据，支持新能源电场端在调度规定的上送截止时间之前多次上送预测结果，方便新能源电场端发现上送异常后能够手动补送预测结果。采用 IEC 102 规约时，预测系统作为 102 主站，实时召唤获取新能源电场端预测结果数据，并将接收结果通过规约报文形式反馈给新能源电场端，保证新能源电场数据上送和调度主站数据接收形成完整的逻辑过程，支持新能源电场端在调度规定的上送截止时间之前多次上送预测结果，方便新能源电场端发现上送异常后能够手动补送预测结果。

### 2.5.2.2 异常数据的容错方案

预测考核结果能否稳定输出主要取决于考核统计模块对新能源电场上送预测结果的数据处理，由于新能源电场端系统种类繁多，对上送数据的各种异常情况必须充分考虑。该模块对所有上送数据解析时进行完整性和正确性检验，保证系统正常运行，并最终能够统计出预测结果。

### 2.5.2.3 限电还原技术

限电还原技术是指借助新能源电场上报的全场功率、电量信息和样本机信息（调度侧自动采集的样本机电量信息或样本机实时有功功率信息，样本机不参与限电），分析限电时段内新能源电场实际运行容量中的限电受限比重，并由此估算新能源电场非限电条件的输出功率的理论值。

上述经过限电功率还原的新能源电场理论功率值是新能源电场上报功率预测准确率评价的主要依据。

（1）数据需求。限电还原计算的数据需求如表 2-1 所示。

表 2-1　　　　　　　　　　　　限电还原计算数据需求

| 编号 | 数据名称 | 备注 |
|------|---------|------|
| 1 | 新能源电场样本机小时电量 | 每个新能源电场全部样本机小时电量之和 |
| 2 | 新能源电场样本机每 15min 有功功率 | 每个新能源电场各样本机的每 15min 有功功率 |
| 3 | 调度限电指令（含指令要求值、时间标记） | 实际操作时间点（含时、分、秒的时间离散点） |
| 4 | 新能源电场全场实测功率 | |
| 5 | 新能源电场上报预测功率 | |
| 6 | 新能源电场上报停机/检修容量 | 新能源电场上报 E 文本，每个新能源电场实际运行容量 |
| 7 | 新能源电场风机工况 | 新能源电场各台风机的每 15min 运行状态记录 |

（2）算法设计。新能源电场限电还原分析流程如图 2-5 所示。

### 2.5.2.4 新能源电场功率预测考核评价

对新能源电场进行综合评分考核时主要考虑预测准确率、预测合格率、预测上报率等性能指标，各指标的计算值如下。

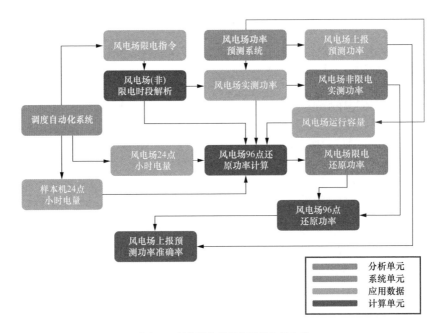

图 2-5　新能源电场限电还原分析流程

（1）预测准确率 $r_1$ 为

$$r_1 = \left[ 1 - \sqrt{\frac{1}{N} \sum_{k=1}^{N} \left( \frac{P_{Mk} - P_{Pk}}{C_{ap}} \right)^2} \right] \times 100\%$$ (2-14)

式中：$r_1$ 为风电场上报功率预测准确率；$P_{Mk}$ 为 $k$ 时段的实际平均功率；$P_{Pk}$ 为 $k$ 时段的预测平均功率；$N$ 为日样本个数；$C_{ap}$ 为风电场开机容量。

周、月、年平均上报功率预测准确率为日上报功率预测准确率的算术平均值。

（2）预测合格率 $r_2$ 为

$$r_2 = \frac{1}{N} \sum_{k=1}^{N} B_k \times 100\%$$ (2-15)

式中：$r_1 \geqslant 85\%$ 时，$B_k = 1$；$r_1 < 85\%$ 时，$B_k = 0$。

周、月、年平均新能源预测计划曲线准确合格率为日平均预测计划曲线合格率的算术平均值。

（3）预测上报率 $r_3$ 为

$$r_3 = \frac{m}{M} \times 100\%$$ (2-16)

式中：$m$ 为月（年）成功传输数据天数；$M$ 为月（年）日历天数。

短期预测结果的成功传输天数指特定考评时段中规定时限内完成报文传输的天数的累记值；短期预测结果的成功传输天数指特定考评时段中满足单日缺报样本低于总要求样本的5%的天数的累计值。

## 2.6 技 术 特 点

本章介绍的多时间尺度新能源预测技术特点如下：

（1）采用多个数值天气预报产品作为短期功率预测的数据源，可实现给定具体位置点处的预报值。

（2）采用测风塔实时气象采集数据对数值天气预报结果进行评估，可为数值天气预报的模型修订和调参提供依据，实现对数值预报模式的优化，提升风力预报的准确度，减少功率预测系统的中间误差，从而整体提高风电功率预测精度。

（3）采用多模型、统计升尺度方法进行短期风电场功率预测，适应风电场的不同气象条件，进行功率组合预测，提高预报精度。

（4）采用多模型进行超短期风电场功率预测，可适应不同基础数据条件情况（风电场历史风力、风机功率等基础数据完备与否，是否建设测风塔或测风塔，实时数据是否正常）下的风电场建立功率预测模型，适应风电场的不同气象条件，进行功率组合预测，提高预报精度。

（5）实现具备多种预测算法（统计法、指数平滑法、回归分析法、时间序列化、模糊逻辑、神经网络、支持向量机、小波分析、卡尔曼滤波、遗传算法、决策树）的算法库。在此基础之上，通过综合数据挖掘技术和预测技术，能对每个风电场制定独特的预测模式（单种预测算法、多个预测算法组合），进行高精度的预测。

（6）超短期功率预测模型可综合考虑各种气象要素（如温度、湿度、空气密度）等因素对风电场输出功率的影响，提高预报精度。

（7）采用风电场群功率特征分布分析技术。以历史数据为基础，针对区域多个风电场的输出功率的分布特点及其随时间（风能资源）的变化特征进行统计分析。

（8）升尺度技术。利用区域功率特征分布的统计信息，以区域内1个（或多个）风电场为区域特征样本，建立区域预报模型。

（9）基于区域风电累加信息历史信息的区域预报后处理技术。该项技术主要利用统计手段，对各类特征阈值进行分析，形成模型输出约束条件。

（10）电网调度部门可以在仅有部分风电场完成风电功率预测功能的基础上实现风电功率的全网预测，从而依据全网预测的结果制定次日发电计划，在全网范围内优化电网调度方式。

（11）具备高容错性，能在某个风电场的发电功率无法准确预测时，仍然可以全网/区域功率预测，并能保证一定的预测精度。

# 3 大规模间歇式能源接入下备用需求分析

## 3.1 概　　　述

电力生产过程是连续进行的，为保证电力系统在出现设备检修、机组故障、负荷波动等情况下仍能正常运行，必须为系统预留一定的备用容量，以提高系统运行的可靠性和稳定性；随着并网运行的新能源数量和规模不断增加，系统运行过程中的不确定因素也不断增加，更加凸显备用配置的重要性。

在常规能源发电计划优化中，由于机组运行可靠性较高，系统旋转备用主要用于解决日前负荷预测偏差以及机组故障跳机造成的功率缺额。调节备用则主要用于解决超短期负荷预测偏差造成的功率缺额，预留一定容量的自动发电控制（Automatic Generation Control，AGC）调节能力。

基于风电、光伏等新能源无污染、可再生及环境友好等优点，适度地接入新能源可替代一部分常规电源，能取得节能减排的环保效益。但同时新能源具有间歇性、波动性等特性，使得电网运行可靠性降低，给电力系统运行增加了一定的风险。同时，为了应对间歇式能源出力的不确定性，需要增加系统备用容量，从而增加了间歇式能源的消纳成本，特别是为适应间歇式能源波动性而导致火电机组的工作点偏离最佳煤耗点或不得不频繁启停机组。为保证间歇式能源入网后电网的安全性、稳定性，以及响应智能电网经济性要求，当间歇式能源接入电网后，适度的系统备用容量设置显得尤为重要。

因此，间歇式能源入网后，通过建立适应大规模间歇式能源接入的备用模型来得到系统备用容量，消除能源间歇式特性对电网安全运行和供电质量的不利影响，并且保证电网的经济性要求。不同于常规能源的按固定比例或绝对值方式设置系统备用容量，在新能源备用计划管理模块中，我们将历史新能源功率预测数据接入到备用计算模型中，通过相似性比较，选出与计划日较为相似的新能源功率预测曲线，引入聚类分析技术，对与计划日相似的新能源功率预测进行时段聚类，并进行统计分析，建立新能源功率预测误差与旋转备用需求变化间的关联模型，形成日前新能源备用需求计划。随着新能源功率预测技术精度的提高，系统备用容量计划管理的可靠性也不断提高。

间歇式能源备用分析模块数据及逻辑关系如图 3-1 所示。

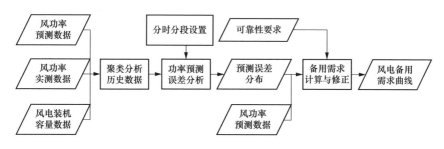

图 3-1　间歇式能源备用分析模块数据及逻辑关系图

### 3.2.1 聚类分析概述

聚类分析指把一组个体按照相似性原则归于若干类别，即"物以类聚"，把性质相近的事物归入同一类，而把性质相差较大的事物归入不同类的一种统计分析方法。聚类分析的方法有很多，其中统计聚类是比较常见的一种，它是研究样本之间存在着程度不同的相似性时，根据样本的多个观察指标（这些指标反映了样本的属性），找到一些能够度量样本之间相似程度的统计量，以这些统计量作为划分类型的依据，把相似程度较大的样本聚为一类。

根据分类对象不同可分为样品聚类和变量聚类。样品聚类又称 Q 型聚类，变量聚类又称 R 型聚类。常见的聚类分析方法有系统聚类法、动态聚类法、模糊聚类法等。根据聚类算法的不同分为划分方法、层次方法、基于密度方法、基于网格方法和基于模型方法等。

K 均值（K-means）为典型的划分方法聚类，给定 $N$ 个向量和聚类个数 $K$，通过一系列迭代将 $N$ 个向量划分为 $K$ 个相似的类，使得同一类中的对象相似度尽可能高，而不同类之间的相似度尽可能地低。层次聚类为典型的层次划分方法，首先将每个对象作为一个类，然后根据一定的准则合并这些类为越来越大的类，直到满足某一终止条件为止。考虑到 K-means 聚类随机选择 $K$ 个类的初始聚类中心，对结果影响较大，在计算新能源备用容量时，首先采用层次聚类，得到 $K$ 个划分，再将这 $K$ 个类的中心作为初始聚类中心，改进的 K-means 聚类算法步骤为：

（1）对各时段输出功率序列进行层次聚类，得到 $K$ 个划分，计算这 $K$ 个划分的中心，作为 K-means 聚类算法的初始聚类中心。

（2）对于每个时段输出功率序列，求其到 $K$ 个聚类中心的距离（欧式距离），将其归到距离最短的中心所在的类。

（3）对于新形成的 $K$ 个类，利用均值法重新计算聚类中心。

（4）重复步骤（2）、（3），进行迭代更新，直到类成员不再发生变化，则迭代结束，否则继续迭代。

为了进行聚类分析，必须要有相关性或相似性的度量标准。目前研究样品之间相似关系主要有两种方法，一种为相似系数度量法，另一种为空间距离法。常见的相似系数有余弦相似度、皮尔森相似度、Jaccard 相似度等。常见的空间距离有绝对值距离、欧氏距离、明科夫斯基距离、切比雪夫距离等，距离判据通常用于数值型数据，当距离越接近 0，相似性就越大。空间距离法中以欧氏距离应用尤为普遍，新能源备用计划管理模块所选择的度量方法即用欧式距离作为相似性的度量标准。欧氏距离指在 $m$ 维空间中两个点之间的真实距离，$(x_{i,1}, \cdots, x_{i,96})$ 和 $(x_{j,1}, \cdots, x_{j,96})$ 为第 $i, j$ 日新能源全天 96 点功率预测数据，欧氏距离计算公式为

$$d_{i,j} = \sqrt{\mid x_{i,1} - x_{j,1} \mid^2 + \mid x_{i,2} - x_{j,2} \mid^2 + \cdots \mid x_{i,96} - x_{j,96} \mid^2} \tag{3-1}$$

将聚类分析用于间歇式能源备用需求管理，即通过对历史数据的统计聚类，选择出备用需求容量比较相似的时段，根据各个相似时段计算系统所需备用容量，各个时段不再单独分析，这样可以大大提高计算效率。

目前聚类分析算法已广泛应用于模式识别、图像分割、特征匹配等领域。特别是新能源功率预测领域，通过实际的验证，发现采用聚类分析方法对数据进行处理后，预测精度得到大幅度提高。

## 3.2.2 正态分布与参数估计

正态分布是一种比较典型的概率分布。正态分布是具有两个参数 $\mu$ 和 $\sigma^2$ 的连续型随机变量的分布，$\mu$ 是遵从正态分布的随机变量的均值，$\sigma^2$ 是此随机变量的方差，正态分布记作 $N(\mu, \sigma^2)$。遵从正态分布的随机变量的概率规律为，取 $\mu$ 邻近的值的概率大，而取离 $\mu$ 越远的值的概率越小；$\sigma$ 越小，分布越集中在 $\mu$ 附近，$\sigma$ 越大，分布越分散。

正态分布的密度函数的特点是：

（1）关于 $\mu$ 对称，在 $\mu$ 处达到最大值，在正（负）无穷远处取值为 0，在 $\mu \pm \sigma$

处有拐点。

（2）它的形状是中间高两边低，图像是一条位于 $x$ 轴上方的钟形曲线

当 $\mu=0$，$\sigma^2=1$ 时，称为标准正态分布，记为 $N(0,1)$。

大量的实践经验与理论分析表明，许多自然现象和社会生产现象的表现方式都可以看作服从或近似服从正态分布。相关资料研究表明，风功率预测误差服从正态分布。假定风功率预测误差服从正态分布，用点估计法来估计正态分布的两个参数 $\mu$ 及 $\sigma$。

参数估计是指用样本指标估计总体指标，用样本均值估计总体均值以及用样本率估计总体率。参数估计有点估计（Point Estimation）和区间估计（Interval Estimation）两种。

点估计是依据样本估计总体分布中所含的未知参数或未知参数的函数。通常它们是总体的某个特征值，如数学期望、方差和相关系数等。点估计问题就是要构造一个只依赖于样本的量，作为未知参数或未知参数的函数的估计值。例如，设一批产品的废品率为 $\theta$，为估计 $\theta$，从这批产品中随机地抽出 $n$ 个作检查，以 $X$ 记其中的废品个数，用 $X/n$ 估计 $\theta$，这就是一个点估计。

构造点估计常用的方法有矩估计法、最大似然估计法、最小二乘法、贝叶斯估计法。

（1）矩估计法。用样本矩估计总体矩，如用样本均值估计总体均值。

（2）最大似然估计法。1912 年由英国统计学家 R. A. 费希尔提出，利用样本分布密度构造似然函数来求出参数的最大似然估计。

（3）最小二乘法。主要用于线性统计模型中的参数估计问题。

（4）贝叶斯估计法。基于贝叶斯学派的观点而提出的估计法。可以用来估计未知参数的估计量很多，于是产生了怎样选择一个优良估计量的问题。首先必须对优良性定出准则，这种准则是不唯一的，可以根据实际问题和理论研究的方便进行选择。优良性准则有两大类：一类是小样本准则，即在样本大小固定时的优良性准则；另一类是大样本准则，即在样本大小趋于无穷时的优良性准则。最重要的小样本优良性准则是无偏性及与此相关的一致最小方差无偏估计，其次有容许性准则、最小化最大准则、最优同变准则等。大样本优良性准则有相合性、最优渐近正态估计和渐近有效估计等。

区间估计是依据抽取的样本，根据一定的正确度与精确度的要求，构造出适当

的区间，作为总体分布的未知参数或参数的函数的真值所在范围的估计。例如人们常说的有百分之多少的把握保证某值在某个范围内，即是区间估计的最简单的应用。1934 年统计学家 J. 奈曼创立了一种严格的区间估计理论。求置信区间常用的三种方法为：①利用已知的抽样分布；②利用区间估计与假设检验的联系；③利用大样本理论。

### 3.2.3 极大似然估计法

极大似然估计法是一种概率论在统计学中的应用，是参数估计的方法之一。已知某个随机样本满足某种概率分布，但是具体的参数不清楚，参数估计就是通过若干次试验，利用结果推出参数的大概值。极大似然估计值建立在这样的思想上：就是要选取这样的数值作为参数的估计值，使所选取这样的数值作为参数的估计值，使所选取的样本在总体中出现的可能性为最大。

要实现极大似然估计法，首先要定义似然函数：若总体 $X$ 的密度函数为 $p(x, \theta_1, \theta_2, \cdots, \theta_k)$，其中 $\theta_1, \theta_2, \cdots, \theta_k$ 是未知参数，$(x_1, x_2, \cdots, x_n)$ 是来自总体 $X$ 的样本，称 $L(x_1, \cdots, x_n, \theta_1, \cdots, \theta_k) = \prod_{i=1}^{n} p(x_i, \theta_1, \cdots, \theta_k)$ 并且在 $\theta_1, \cdots, \theta_k$ 的似然函数，其中 $x_1, \cdots, x_n$ 为样本观测值。

若有 $\tilde{\theta}_1, \cdots, \tilde{\theta}_k$，使得

$$L(x_1, \cdots, x_n, \tilde{\theta}_1, \cdots, \tilde{\theta}_k) = \max_{\theta_1, \cdots, \theta_k} L(x_1, \cdots, x_n, \theta_1, \cdots, \theta_k) \quad (3\text{-}2)$$

成立，则称 $\theta_j = \tilde{\theta}_j(x_1, \cdots, x_n)$ 为 $\theta_j$ 极大似然估计值（$j = 1, 2, \cdots, k$）。

特别地，当 $k = 1$ 时，似然函数为

$$L(x_1, \cdots, x_n, \theta) = \prod_{i=1}^{n} p(x_i, \theta) \quad (3\text{-}3)$$

$$L(x_1, \cdots, x_n, \tilde{\theta}) = \max_{\theta_1, \cdots, \theta_k} L(x_1, \cdots, x_n, \theta) \quad (3\text{-}4)$$

根据微积分中函数极限的原理，要求 $\tilde{\theta}$ 使得上式成立，只要令

$$\frac{\mathrm{d}L(\theta)}{\mathrm{d}\theta} = 0 \quad (3\text{-}5)$$

其中
$$L(\theta) = L(x_1, \cdots, x_n, \theta)$$

解之，所得解 $\tilde{\theta}$ 为极大似然估计，式（3-5）称为似然方程。

## 3.2.4 置信区间与小概率事件

给定一个概率分布 $D$，假定其概率密度函数（连续分布）或概率聚集函数（离散分布）为 $f_D$，以及一个分布参数 $\theta$，我们可以从这个分布中抽出一个具有 $n$ 个值的采样 $x_1$，$x_2$，$\cdots$，$x_n$，通过利用 $f_D$，就能计算出其概率为

$$P(x_1,x_2,\cdots,x_n)=f_D(x_1,x_2,\cdots,x_n|\theta) \tag{3-6}$$

从这个分布中抽出一个具有 $n$ 个值的采样 $x_1$，$x_2$，$\cdots$，$x_n$，然后用这些采样数据来估计 $\theta$。一旦获得 $x_1$，$x_2$，$\cdots$，$x_n$，就能从中找到一个关于 $\theta$ 的估计。最大似然估计会寻找关于 $\theta$ 的最可能的值。

对于未知的参数，假定为 $\theta$，为了保证其估计值的可靠性，构造一个区间 $(\underline{\theta}, \overline{\theta})$ 来估计参数 $\theta$ 的范围。该区间包含参数 $\theta$ 的概率就是该区间作为参数 $\theta$ 的可信程度，若有 $P(\underline{\theta}<\theta<\overline{\theta})=1-\alpha$ 成立，即 $\theta$ 在区间 $(\underline{\theta}, \overline{\theta})$ 的概率为 $1-\alpha$，则称 $1-\alpha$ 为置信度，区间 $(\underline{\theta}, \overline{\theta})$ 为 $\theta$ 的置信度为 $1-\alpha$ 的置信区间，且 $\underline{\theta}$，$\overline{\theta}$ 分别称为 $\theta$ 的置信下限和置信上限。

若变量 $\theta$ 服从正态分布 $N(\mu, \sigma^2)$，则 $\theta$ 在 $(\mu-3\sigma, \mu+3\sigma)$ 区间的概率约为 99.75%，从概率的角度讲，$\theta$ 在此区间之外的概率非常小，称为小概率事件，通俗地讲，即为基本不可能发生事件。风电备用计划管理模块系统备用置信区间以及机组风功率波动置信区间即建立在此理论的基础上。

## 3.2.5 电力系统可靠性指标

电力系统中将备用容量满足系统安全运行要求的概率作为系统可靠性指标，设 $y\in Y$ 为决定风电备用需求的不确定随机变量，$p(y)$ 为 $y$ 的概率密度函数，$R(y)$ 为风电接入引起的备用需求，则备用需求 $R(y)$ 不超过给定值限值 $\xi$ 的概率为 $\int_{R(y)\leqslant\xi}p(y)\mathrm{d}y$。 $\tag{3-7}$

若置信度水平 $\alpha\in(0,1)$，则满足某一置信度水平 $\alpha$ 的风险备用需求 $R_\alpha$ 可表示为

$$R_\alpha = \max\left\{\xi \in R: \int_{R(y)\leqslant\xi}p(y)\mathrm{d}y \leqslant \alpha\right\} \tag{3-8}$$

用 $\alpha$ 表示备用容量满足系统运行的置信度水平。从物理意义上讲，$1-\alpha$ 可看

作系统失负荷概率所允许的上限值。

### 3.2.6 新能源的周期性规律及备用分时模式智能识别

自然界的风、光等资源具有明显的周期性规律。以风能为例，风能是空气的水平流动。由于各地空气温度、地形不同，引起了各地气压的差异，在气象学上，将单位距离内的气压差称为气压梯度，气压梯度就把空气从气压高的一边推向气压低的一边，在它的作用下，空气开始流动，从而形成了风。

基于风能的形成原因，它有如下的变化规律：

(1) 风的日变化。风速的日变化主要与下垫面的性质有关，陆地上风速的变化主要是白天风速大，晚上风速小。这是由于白天地面受热较多，上下对流旺盛，使下层空气流动加速。而日落后，地面迅速冷却，气层趋于稳定，风速逐渐减少。

(2) 风的年变化。一年内的风速变化与季节有着较大的关系。在冬季，冷空气盛行，冷高压势力强大；在夏天，暖湿空气盛行，高气压势力达不到冬季那样的强大，相对弱些。在中国大部分地区，最大风速多见于春季的三四月，而最小风速则多见于夏季的七八月。

基于风、光等新能源的季节性变化和昼夜规律性变化，将相似性理论引入到间歇式能源备用分析中。

备用分时模式智能识别采用相似性理论，对新能源输出功率进行聚类分析，从历史库中选取与计划日相似的历史数据进行备用计算，通过对历史数据的筛选，提高备用计算的合理性及准确性。

由于天气是影响新能源输出功率的主要因素，鉴于天气的规律性变化，将相似性理论引入到新能源输出功率变化规律的研究中。在进行日前计划的备用需求分析时，由于计划日的输出功率未知，用已有的预测出力数据代替当日的实测数据进行相似性分析。

根据历史日和计划日的输出功率序列相似性进行聚类分析，采用欧氏距离作为相似性程度的判定依据，为比较不同容量电场输出功率的相似性，根据新能源装机容量对输出功率归一化，归一化后的欧氏距离的定义为

$$d_{i,j} = \left| \left| \frac{x_{i,1}}{Cap_i} - \frac{x_{j,1}}{Cap_j} \right|^2 + \left| \frac{x_{i,2}}{Cap_i} - \frac{x_{j,2}}{Cap_j} \right|^2 + \cdots \left| \frac{x_{i,96}}{Cap_i} - \frac{x_{j,96}}{Cap_j} \right|^2 \right|^{\frac{1}{2}} \quad (3-9)$$

这里的 $X_i(x_{i,1}, x_{i,2}, \cdots x_{i,96})$，$X_j(x_{j,1}, x_{j,2}, \cdots x_{j,96})$ 分别表示 $i$，$j$ 两天的

输出功率序列，$Cap_i$，$Cap_j$ 分别表示 $i$，$j$ 两天采样机组总装机容量。由于历史库采样时间间隔为 15min，一天的输出功率序列有 96 点。欧式距离 $d_{i,j}$ 表示 $i$，$j$ 两天的输出功率序列在几何平均距离上的相似性。$d_{i,j}$ 越小，表示相似度越大。

给定阈值 $z$，若输出功率序列 $X_i$，$X_j$ 满足 $d_{i,j} < z$，则称 $X_i$，$X_j$ 几何相似。依次将历史日的输出功率序列和计划日的预测出力序列进行比较，如果 $d_{i,j} < z$，则归为一类，作为历史样本数据区间，计算备用。

## 3.3    间歇式能源备用需求分析算法

在大规模间歇式能源接入的电力系统中，除机组故障和负荷预测误差等因素，间歇式能源的随机性、间歇性也会使新能源功率预测存在较大的误差，系统随机性增大。传统以常规能源为基础的备用容量已不满足间歇式能源接入后系统的可靠性要求，引入聚类分析技术，对新能源功率预测数据进行筛选，并进行统计分析，建立新能源功率预测误差与旋转备用需求变化间的关联模型，形成日前间歇式能源旋转备用需求计划，间歇式能源旋转备用主要用来应对新能源功率预测误差造成的系统供电和负荷的不平衡。

### 3.3.1    相似度比较法求相似日

间歇式能源虽然难以预测，且误差很大，但新能源的季节性分布非常有规律，在新能源大发和匮乏季节所需的备用绝对量增加不同，因此本书根据新能源的规律性变化，将相似性理论引入到系统新能源输出功率变化规律的研究中，选出与计划日较为相似的历史数据，对历史数据进行筛选，再对相似日的新能源功率预测误差数据进行统计分析，提高备用容量计算的准确性。

在进行相似度比较时，由于计划日的输出功率未知，用计划日前一日的新能源功率数据代替计划日的实测数据进行相似性比较。

将历史日和计划日的输出功率序列进行相似度比较，采用欧氏距离作为相似性程度的判定依据，按电场容量归一化后的欧氏距离的定义见式（3-9）

给定阈值 $Z$，若输出功率序列 $X_i$，$X_j$ 满足 $d_{i,j} < Z$，则称 $X_i$，$X_j$ 几何相似。依次将历史日的输出功率序列和计划日前一日的风功率输出序列进行比较，如果

$d_{i,j} < Z$，则视为相似日数据，作为计算备用的历史样本数据区间。

图 3-2 取数据库中 4 天全天 96 时段（每时段 15min 间隔）典型历史数据作为说明，将计划日 3 月 11 日与图中四天历史日期数据进行相似度比较，计算得到 1 月 10 日、1 月 15 日、1 月 1 日、2 月 11 日与计划日的欧式距离分别为 0.643、1.34、1.512、0.53；若设定阈值 $Z = 1.2$，其中 1 月 10 日和 2 月 11 日的欧式距离小于阈值，认为可以作为相似日，作为备用计算的历史数据，而 1 月 1 日和 1 月 15 日则不予考虑。

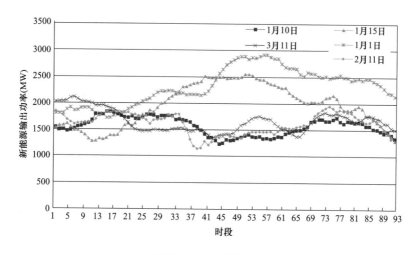

图 3-2 相似日比较结果图

### 3.3.2 改进的 K- means 聚类法求相似时段

考虑到新能源输出功率在计划日内各时段存在较大差异，其预测误差在不同的时段分布也不同，需要对计划日内各个时段分别进行备用计算，计算量较大。

在新能源日内引入聚类分析技术，对相似日历史数据进行时段聚类。聚类后，只需对各相似时段进行备用分析。

通过层次聚类，得到 $K$ 个划分，将这 $K$ 个划分的中心作为初始聚类中心，再将相似日各时段（此时段指一天 24 个时段，其数据由 1 小时内的 4 个采样数据求均值得到）的新能源输出功率序列进行 $K$ 均值聚类，得到计划日相似时段，然后分别对各个相似时段进行备用分析。首先设定聚类个数为 $K$，算法流程如图 3-3 所示。

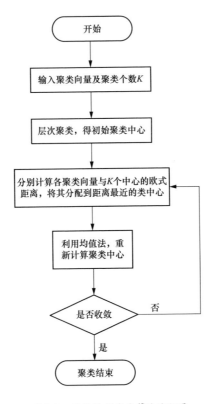

图 3-3　改进的 $K$ 聚类算法流程图

### 3.3.3　新能源功率预测误差分布

假定新能源功率预测值和实际值的偏差服从正态分布,基于此理论统计与计划日相似的历史时间范围内各相似时段风电输出功率预测总量和实际输出的误差。

根据调度的需要和新能源输出功率情况,统计数据间隔为 15min,对每个时间点,新能源预测误差为实际出力与预测出力的差值。对每个时间点 $t$,新能源出力误差为

$$wp_{t,i}^{\mathrm{error}} = P_{\mathrm{wp},t}^{\mathrm{fore}} - P_{\mathrm{wp},t}^{\mathrm{real}} \tag{3-10}$$

式中:$wp_{t,i}^{\mathrm{error}}$ 为 $t$ 时刻新能源功率预测误差;$P_{\mathrm{wp},t}^{\mathrm{real}}$ 为 $t$ 时刻新能源输出功率;$P_{\mathrm{wp},t}^{\mathrm{fore}}$ 为 $t$ 时刻新能源预测输出功率。

若将一天分为若干个时段(聚类分析将一天分为 4 个相似时段),统计每个时段预测出力偏差分布。对于时段 $T$,时间范围 $\left[t_{T_0}, t_{T_N}\right]$ 共 $N$ 个时间点(间隔为

15min)，相似历史数据时间长度为 $M$ 天，则对于时段 $T$，共有 $M \cdot N$ 个出力偏差数据，利用极大似然估计法，可得到偏差分布的期望和方差。

相关研究表明预测出力偏差服从正态分布，用极大似然估计法，即可得到偏差分布的期望和方差。

偏差分布的期望估计值为

$$\widetilde{\mu} = \frac{1}{M \cdot N} \cdot \sum_{i=1}^{M \cdot N} w p_{t,i}^{\mathrm{error}} \tag{3-11}$$

偏差分布的方差估计值为

$$\widetilde{\sigma}^2 = \frac{1}{M \cdot N} \cdot \sum_{i=1}^{M \cdot N} (w p_{t,i}^{\mathrm{error}} - \widetilde{\mu})^2 \tag{3-12}$$

### 3.3.4 间歇式能源备用计算模型

备用是针对系统运行中不确定性因素（系统负荷、机组事故等）配置的，在常规能源电力系统中，备用容量可以用来应对系统负荷预测误差及机组停运带来的影响。新能源并网后，因新能源预测精度远不及负荷预测，系统随机性增大，因间歇式能源接入而需要增加的备用容量主要用来应对大规模新能源电场出力的不确定性给系统带来的影响。

考虑大规模新能源接入情形下，间歇式能源备用容量，即用于弥补新能源功率预测误差造成的系统供用电不平衡的备用容量，与新能源功率预测误差概率分布函数相同，新能源出力误差对备用的需求同样为概率密度函数，以 $f_{\mathrm{T}}^{\mathrm{reserve}}(e_{\mathrm{wp}})$ 表示 $T$ 时段间歇式能源旋转备用需求概率密度函数，其与新能源功率预测偏差概率密度函数 $f_{\mathrm{T}}(e_{\mathrm{wp}})$ 关系为

$$f_{\mathrm{T}}^{\mathrm{reserve}}(e_{\mathrm{wp}}) = f_{\mathrm{T}}(e_{\mathrm{wp}}) \tag{3-13}$$

间歇式能源备用由一定系统可靠性水平决定，其表达式为

$$\int_{-\infty}^{R_{\mathrm{wind},h}} \frac{1}{\sqrt{2\pi} \cdot \sigma_{\mathrm{wind},h}} \cdot \exp\left(-\frac{(\xi - \mu_{\mathrm{wind},h})^2}{2 \cdot \sigma_{\mathrm{wind},h}^2}\right) \cdot \mathrm{d}\xi = \alpha \tag{3-14}$$

式中：$R_{\mathrm{wind},h}$ 为 $h$ 时段的间歇式能源备用容量；$\mu_{\mathrm{wind},h}$ 为 $h$ 时段的新能源功率预测误差分布期望；$\sigma_{\mathrm{wind},h}$ 为 $h$ 时段的新能源功率预测误差分布方差。

间歇式能源备用计算流程如图 3-4 所示。

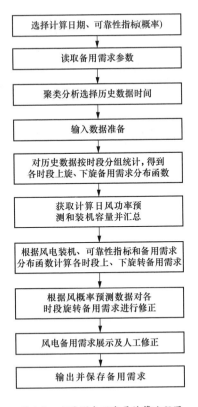

图 3-4　新能源备用容量计算流程图

　　由于新能源输出功率对上旋、下旋备用需求与新能源功率预测正反偏差的分布相同,因此两者有相同的期望和方差。根据备用需求概率密度分布和机组装机容量以及备用可靠性要求,可计算出各时段的备用需求计划。

　　另外,备用需求计划是根据对历史数据分析和计划日机组装机容量得到的,可能存在与功率预测数据相冲突的情况,因此需要根据计划日输出功率预测数据对备用计划进行修正,修正原则是上旋备用不超过该时段输出功率预测值;下旋备用不超过该时段机组装机容量与该时段输出功率预测值的差值。

## 3.3.5　系统备用计算模型

　　新能源备用计划管理模块是系统备用计划管理的重要内容,因新能源入网所增加的系统旋转备用不再是简单地按机组容量或负荷比例设置,而是需要综合聚类分析技术和新能源功率预测误差与备用容量的关系模型经过分析得到,其总体的算法流程如图 3-1 所示,结果展示如图 3-5 所示。

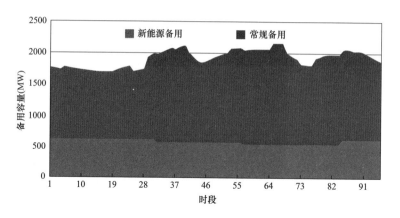

图 3-5　系统备用与新能源备用容量图

# 3.4　结　果　分　析

## 3.4.1　相似时段分析

以新能源机组总装机容量为 6820MW 的日前备用计划计算为例。将该日新能源功率数据和历史数据进行相似性比较，得到相似历史数据，并通过聚类分析得到相似历史时段，相似时段如表 3-1 所示。

表 3-1　　　　　　　　　　　相　似　时　段　列　表

| 聚类 | 相似时段　（一日24h） |
| --- | --- |
| 1 | 1，2，3，4，5，6，7，21，22，23 |
| 2 | 8，9，10，11，12，13 |
| 3 | 14，15，16，17，18，19，20 |

注　0，1，…，23 表示一天的 24 个时段（每时段 1h）。

从聚类结果看，通过聚类得到的相似时段基本符合新能源电场出力规律。

## 3.4.2　不同置信水平下间歇式能源备用容量分析

通过对各相似时段预测误差数据进行统计分析，计算备用，得到新能源接入后，当系统可靠性指标分别为 0.85、0.9、0.92 时，需要设置的新能源备用容量，如图 3-6 所示。

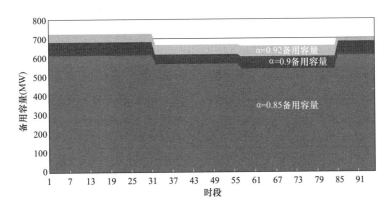

图 3-6　新能源备用容量

### 3.4.3　备用容量对置信水平的灵敏度分析

当备用容量增加到一定水平，对系统的可靠性水平的提高影响并不显著，如图 3-7 所示，故系统运行人员在确定置信度水平时，应综合考虑备用获取成本和置信度水平，在经济性和安全性之间取得平衡。

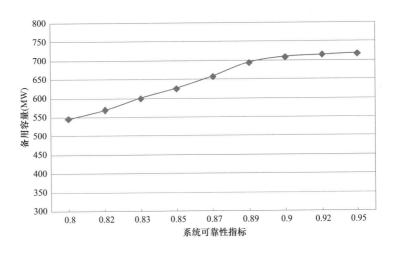

图 3-7　不同置信水平下新能源备用容量图

## 3.5　技　术　特　点

（1）在选择历史事件范围和数据时段时采用不同的方式。新能源备用需求分析模块采用备用分时模式智能识别，选择历史时间范围且通过聚类分析方法对时段进一步细分，统计每个时段范围内历史数据预测的偏差情况，分别计算各个时段的备用需求容量。

（2）将新能源功率预测数据接入备用计划管理模块。不同于常规备用的按固定比例设置，新能源备用计划管理模块接入新能源历史运行数据，建立新能源功率预测误差和备用需求的关系模型，得到系统新增的旋转备用，更具有一定的合理性。随着新能源功率预测技术的日益成熟，新能源备用的准确性和可靠性也进一步提高。

（3）经过综合考虑间歇式能源和常规能源的协调调度，提前考虑了新能源机组的不确定性和波动性，保证了新能源和常规能源协调调度的可执行性，保证风火协调调度电力系统安全，经济及稳定运行。

（4）根据新能源的历史预测数据及历史实际运行情况，电力系统日前负荷预测数据，新能源功率预测数据等，通过对新能源功率历史运行数据进行预测误差分析，形成日前的旋转备用容量的需求计划，保证新能源功率的安全接入，有助于更好的指导电力系统的安全经济运行。

（5）在保证间歇式能源接入后电力系统的安全性的基础上，通过合理的置信水平设置，提供合理的备用容量，为间歇式能源与常规能源的协调调度提供了安全保障，有助于实现电力系统运行的经济性要求。

# 计及间歇式能源消纳的多日机组组合优化

4

# 4.1 概　　述

随着智能电网建设的推进，对电网资源优化配置的要求不断加大，也对调度运行和调度计划提出了更高的要求，机组组合是调度计划首先要解决的问题。中长期多日机组组合作为调度计划的重要内容，核心是安排未来多日或者月度的电力、电量平衡，获得发电机组的多日或月度开停机方案，为日前、日内发电计划的制定提供参考依据。多日机组组合可以在更长的时间跨度内统筹考虑电网运行效益，其优化效果明显高于日发电计划。

中国是以煤电机组为主的国家，这样的能源结构也决定了机组不宜采用频繁启停优化的调度经营模式，这就决定了研究月内多日以及月度机组组合在实际生产中的重大意义。截至 2014 年底，全国发电装机容量 13.6 亿 kW，其中，火电 9.16 亿 kW（含煤电 8.25 亿 kW、气电 5567 万 kW），占全部装机容量的 67.4%。图 4-1 宏观上表现了 2004～2014 年近十年间火电装机容量占全国发电总装机容量的比例，波动幅度不是很大，均在 70% 以上。我国是以燃煤火电机组为主的电源结构，燃煤机组启停费用高昂、步骤繁琐，不适宜频繁启停；同时在大规模间歇式新能源接入情况下，电网需要尽可能提供新能源消纳能力，因此中长期的启停计划优化的重要性不言而喻。

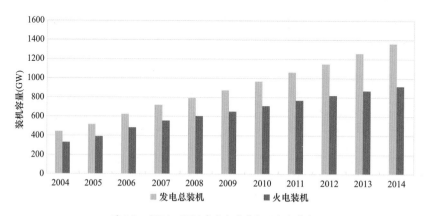

图 4-1　2004～2014 年发电总装机及火电装机

从中国电网调度业务实际情况来讲，迫切需要中长期多日机组组合技术。国外电力调度主要是市场模式，按日结算，中长期机组组合主要根据发电企业参与市场的意向确定；但国内各电厂签有中长期的电量合同，电厂对某一天的出力计划并不特别关注，更关注中长期电量合同的完成情况，这个问题在短期计划中无法有效处理，只能通过中长期多日机组组合来解决。

直观地看，求解短期机组组合的算法可以直接用于中长期多日机组组合求解，但是直接推广并不可行。这是因为中长期多日机组组合问题的数学模型十分庞大，目前的主流规划算法都存在一定困难。动态规划法面临着"维数灾"的问题；拉格朗日松弛法，由于黑塞（Hessian）矩阵变得非常致密，导致矩阵更新要占用大量的内存和时间，而产生的解数值上不稳定；若运用 MIP 算法，即使使用当前最先进的商用软件包，也存在计算量大的问题。

对于中长期多日机组组合问题，普遍倾向于从简化和分解两个角度考虑，降低问题复杂度。简化是在合理范围内降低数学模型求解维度，牺牲部分精度换取计算效率，比如发电机组的耗量特性曲线可以简化为线性关系，启停成本可以近似为常数，系统的备用容量约束可以放宽等。如何有效简化中长期动态经济调度模型是值得进一步研究的问题。分解是将中长期多日机组组合问题分解成多个短期问题的组合，采用中长期和短期协调优化的策略，分两步进行优化。每一步优化使用的算法可以采用短期经济调度中提到的优化算法，如拉格朗日松弛法、MIP 算法等。当第二步不存在可行解时，需要返回到第一步重新优化，直到最后得到可行的优化结果。这种方法相对直接求解中长期问题是一个可行的方法，但仍然存在求解时间较长的问题，也可能存在不收敛或者无法找到最优解的情况。

综上所述，中长期多日机组组合问题求解方法远没有短期方法成熟，主要的困难还是在于由于时间尺度长，研究周期内的时段数多，每日机组组合还需要考虑中长期电量约束，导致中长期优化问题复杂。

本书在短期安全约束机组组合（SCUC）模型的基础上，拓展考虑中长期各类生产需求，包括电量执行进度要求、新能源接纳、供热机组的供热周期、机组运行平均负荷率等，解决中长期电力电量耦合和多目标联合优化问题。在中长期范围内，通过优化机组停备，在满足电量进度均衡的前提下，尽可能提升电网新能源消纳能力，优化机组负荷率水平，尤其是优化大容量低耗能机组的负荷率，这对降低污染排放、促进新能源消纳、提高中长期调度计划的精细度，具有非常重要的意义。

## 4.2  计及间歇式能源消纳的多日机组组合优化模型

### 4.2.1  目标函数

本书所述模型考虑了三种不同的优化目标：年度电量计划进度均衡目标、间歇式新能源优先消纳目标和理想负荷率区间目标。

（1）年度电量计划进度均衡目标。年度电量计划进度均衡目标是以公平的完成机组的年度电量计划为目标。这里将年度计划电量进度均衡转化为机组的年度计划

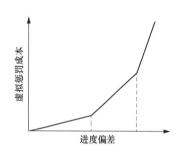

电量进度偏差最小，引入年度计划电量进度偏差的虚拟惩罚成本，以年度计划电量进度偏差虚拟惩罚成本最低为目标进行优化。

虚拟成本为进度偏差绝对值的分段线性递增函数，如图 4-2 所示。

通过使所有优化机组的计划周期内发电量计划与标准期望计划偏差最小来达到所有机组的年度电

图 4-2  进度偏差虚拟惩罚成本

量计划进度均衡的目标。

年度电量计划进度均衡目标函数为

$$\min\{SCost\} = \sum_{i \in I} \sum_{s \in S} [BiasBlock(i,s) \cdot IncCost(i,s)] \tag{4-1}$$

式中：$SCost$ 为年度计划电量进度偏差虚拟惩罚成本；$BiasBlock$ 为偏差分段；$IncCost$ 为微增成本；$I$ 为发电厂集合；$S$ 为分段集合。

（2）新能源优先消纳目标。由于新能源的间歇性，系统接纳新能源，需要常规火电机组为之进行平衡，如何实现新能源的经济接纳，这里以新能源、火电机组的总运行成本最低为目标，实现新能源、火电联合优化情况下系统对新能源的优先接纳，因此新能源优先消纳目标函数可定义为

$$\min\{ECost\} = \sum_{t \in T} \sum_{e \in Elements} [C_i(p_i^t) + \underset{i \in Thermal}{S_i} \cdot y_i^t] \tag{4-2}$$

式中：$ECost$ 为火电的发电及启停成本；$C_i$ 为机组 $i$ 的运行成本；$S_i$ 为机组 $i$ 的启动成本；$y_i^t$ 为机组 $i$ 启动状态二值变量；$p_i^t$ 为机组 $i$ 在 $t$ 时段出力。

（3）理想负荷率区间目标。根据实际生产经验，比较理想的负荷率区间一般

为 [0.65，0.80]。使机组尽量运行在理想负荷率区间内的优化目标转化为机组负荷率偏离理想负荷率区间的惩罚成本最低，这里引入负荷率偏差微增成本，优化目标为

$$\min\{LCost\} = \sum_i \sum_l [RatioBlock(i,l) \cdot RatioIncCost(i,l)] \qquad (4\text{-}3)$$

式中：$LCost$ 为理想负荷率偏差虚拟惩罚成本；$RatioBlock$ 为偏差分段；$RatioIncCost$ 为偏差微增成本。

## 4.2.2 基本运行约束

（1）系统运行约束。

1）负荷平衡表示为

$$\sum_{i=1}^I p_i(t) = p_d(t) - l(t) \qquad (4\text{-}4)$$

式中：$p_d(t)$ 为 $t$ 时的系统发电口径净负荷；该负荷根据实际情况，事先做"扣减联络线功率""网损修正""厂用电修正"，将原始负荷预测数据换算为"调管区域的发电负荷预测"；$l(t)$ 为系统 $t$ 时的可调度负荷。

2）旋转备用约束表示为

$$\sum_{i=1}^I \overline{r_i(t)} \geqslant \overline{p_r}(t) \qquad (4\text{-}5)$$

$$\sum_{i=1}^I \underline{r_i(t)} \geqslant \underline{p_r}(t) \qquad (4\text{-}6)$$

式中：$\overline{r_i}(t)$ 为机组 $i$ 在 $t$ 时提供的上调旋转备用；$\overline{p_r}(t)$ 为系统 $t$ 时的上调旋转备用需求；$\underline{r_i}(t)$ 为机组 $i$ 在 $t$ 时提供的下调旋转备用；$\underline{p_r}(t)$ 为系统 $t$ 时的下调旋转备用需求。

（2）机组运行约束。

1）发电机组输出功率上下限约束为

$$\underline{p_i} u_i(t) \leqslant p_i(t) \leqslant \overline{p_i} u_i(t) \qquad (4\text{-}7)$$

式中：$\overline{p_i}$、$\underline{p_i}$ 分别表示发电机组输出功率的上下限；$u_i(t)$ 表示在时段 $t$ 的运行状态，1 表示运行，0 表示停运。

2）最小运行与停运时间约束为

$$(V_{t,i}^{on} - T_i^{\min\_on}) \cdot [u_i(t-1) - u_i(t)] \geqslant 0 \qquad (4\text{-}8)$$

$$(V_{t,i}^{\text{off}} - T_i^{\text{min\_off}}) \cdot [u_i(t) - u_i(t-1)] \geqslant 0 \tag{4-9}$$

式中：$T_i^{\text{min-on}}$ 和 $T_i^{\text{min-off}}$ 分别为机组 $i$ 的最小开机时间和最小停机时间；$V_{t,i}^{\text{on}}$ 和 $V_{t,i}^{\text{off}}$ 分别为机组 $i$ 在 $t$ 时段之前的连续开机和停机时间。

3）可用状态（检修、最早开机时间）约束为

$$u_i(t) = 0, \quad \text{如果 } t \in T_r \tag{4-10}$$

式中：$T_r$ 为检修时间区间，或为最早开机时间前的停机时间区间（主要用于发布机组组合结果时，机组有足够的时间开机）。

（3）电网安全约束。

1）支路潮流约束为

$$p_{ij}(t) \leqslant \overline{p_{ij}} \tag{4-11}$$

式中：$p_{ij}$ 和 $\overline{p_{ij}}$ 分别表示支路 $i$，$j$ 的潮流功率及上限。

2）联络线断面潮流约束为

$$P_{ij}(t) \leqslant \overline{P_{ij}} \tag{4-12}$$

式中：$P_{ij}$ 和 $\overline{P_{ij}}$ 分别表示联络线断面 $i$，$j$ 的潮流功率及上限。

## 4.2.3 电力电量联合优化约束

（1）电量约束为

$$\sum_r PlanEnergy(r) = \sum_r SEnergy(r) \tag{4-13}$$

式中：$PlanEnergy$ 是优化的计划电量；$SEnergy$ 是月度计划电量。

（2）负荷率约束为

$$f_1[MinRatio(i), U_i(t)] \leqslant Ratio(i) \leqslant f_2[MaxRatio(i), U_i(t)] \tag{4-14}$$

其中，$Ratio$ 为机组的负荷率。根据实际需求，增加机组负荷率是否允许突破的设置。若机组的年度计划电量过高，机组达到最大负荷率（如 0.85）也不能满足完成年度计划电量要求，则允许个别机组负荷率突破上限。

## 4.2.4 实用化约束

（1）机组固定出力。机组在特定时段内按照给定的发电计划运行，在此特定时段内该机组不参与经济调度计算，机组固定出力约束可表示为

$$p_i(t) = P_i(t) \tag{4-15}$$

式中：$P_i(t)$ 表示机组 $i$ 的出力设定值。

（2）机组固定启停方式。用于表示机组在特定时段内的可用状态，包括必开和必停。在此特定时段内两类机组不参与机组组合计算，机组固定启停方式约束可表示为

$$u_i(t) = U_i(t) \tag{4-16}$$

其中，$U_i(t)$ 表示机组 $i$ 的启停方式设定值（运行或停止）。

（3）"三公"进度强制约束为

$$\sum_s BiasBlock(r,s) \leqslant MaxBias(r) \tag{4-17}$$

其中，$MaxBias$ 为允许的最大三公相对偏差。

（4）每个电厂至少开一台机组。应需求增加一个实用化约束，约束保证每个电厂至少有一台机组开机，以满足厂用电负荷需求，该约束可由用户选择开启，表示为

$$\sum_{i \in Plant_j} U_i^t \geqslant 1 \tag{4-18}$$

式中：$Plant$ 表示电厂；$j$ 为电厂标号；$i$ 为机组标号；$U$ 为机组运行二值变量。

## 4.2.5 多目标联合优化模型

一般情况下，多目标优化问题的各个子目标之间是矛盾的，很难同时使多个子目标一起达到最优值，而只能在它们中间进行协调和折中处理，使各个子目标都尽可能地达到最优化。调度计划编制者首先需要确定多个目标当中，哪一个目标可以进行退化，转变为相应约束，这样就可以把多目标优化转换为单目标优化。

多目标联合优化思路：首先基于建立的多个单目标模型进行优化计算。基于计算出的单个目标的优化解，选择其中一个作为主优化目标，而其他优化目标则将其最优解进行一定的退化，转换为相关约束，这样多目标优化就转换为了单目标优化。选择不同的主优化目标和不同程度的退化参数，通过组合计算，可以得到多套优化方案，计划编制者可以在多套方案中选择满意的优化方案。

本书针对"三公"进度均衡、新能源优先消纳、机组理想负荷率区间三个目标进行联合优化，按照如下方法进行。

选择新能源优先消纳作为主要优化目标，"三公"进度均衡目标作为次要优化目标，理想负荷率区间作为第三优化目标。首先进行单目标优化计算，然后进行多目标联合优化计算。

## 4.3 计及间歇式能源消纳的多日机组组合优化流程

计及间歇式能源消纳的多日机组组合优化方法的基本思路是，根据电厂年度分月计划发电量及过去时间电量完成情况，在满足电网未来负荷平衡、备用需求、新能源优先消纳、机组运行和电网安全等约束条件下，编制未来常规机组的启停计划并使机组计划负荷率与系统负荷率趋势相似，进而得到周、日等更短周期调度的发电量计划。主要流程如图4-3所示，基本步骤如下。

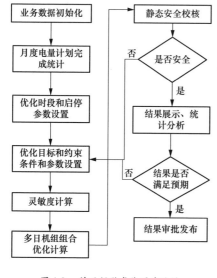

图4-3　计及间歇式能源消纳的
多日机组组合优化流程

（1）业务数据初始化。确定需要进行机组组合优化的计划时段，获取未来计划时段的最大负荷、最小负荷预测和备用需求、检修计划、联络线交换计划、新能源出力计划和稳定断面和监视元件等信息；统计月度发电量计划完成情况，计算各电厂（机组）的剩余月度发电量计划，并且确定机组组合优化的优化参数。

（2）采用混合整数规划法根据计及间歇式能源消纳的多日机组组合优化模型机组求解各计划时段启停状态、计划负荷率以及高峰、低谷有功出力。

（3）根据优化求解获得的各计划时段机组启停状态和高峰、低谷有功出力，考虑全部网络监视元件，进行安全校核；若没有新增监视元件潮流越限，则进入步骤（4），否则计算新增越限监视元件的灵敏度信息，进入步骤（2）。

（4）迭代结束，生成未来计划周期内发电机组的启停计划、计划负荷率、并计算各周、日电厂（或者机组）的发电量计划。机组启停计划和发电量计划经批准后向电厂发布并进入调度执行环节。

以华北电网 2015 年 2 月 6～28 日机组组合滚动优化为例，包括 174 台统调常规机组及 15 个主要稳定断面，非统调机组、新能源机组按典型出力以固定出力方式计入系统平衡和安全约束，不进行计划优化；抽蓄等调峰调频机组不计入；每天高峰、低谷 2 个时段，共 46 个时段。常规燃煤机组计划负荷率区间为 0.65～0.9，燃气机组计划负荷率区间为 0.55～0.9，供热机组供热期负荷率区间为 0.72～0.85，机组计划负荷率修正系数依据运行经验数据取 1.1；高峰时段上旋备用需求 1800MW，低谷时段下旋容量 600MW；机组最小运行和停运时间为 5 天。

### 4.4.1 优化电力电量平衡结果分析

2 月份各日系统负荷需求、开机容量（含联络线交换计划）如图 4-4 所示，系统各计划时段的开机容量满足高峰负荷需求并保留适当的备用容量；但在低谷新能源典型出力较大并且有供热机组需求保持出力引起系统下旋备用不足，因此在短期调度中需要根据新能源短期功率预测调整联络线计划或者调度抽蓄等调峰机组满足系统运行需求。

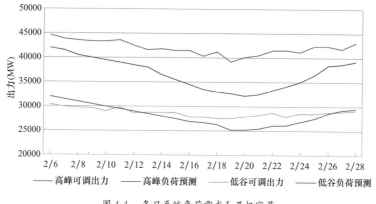

图 4-4 各日系统负荷需求和开机容量

优化结果在既有检修计划安排基础上增加了机组停备计划，如图 4-5 所示。系统通过优化机组停备计划可有效提高运行机组的计划负荷率，有利于新能源消纳和节能减排。

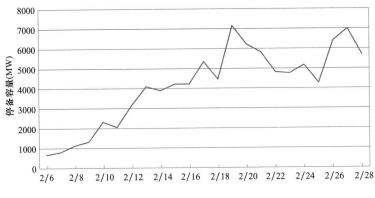

图 4-5　各日优化新增停备容量

## 4.4.2　优化后月度发电量计划

月度机组组合优化后，各电厂年度计划分月电量完成情况如表 4-1 所示。

表 4-1　　　　　　　　　　　　　　优化后电厂月度发电量计划

| 电厂序号 | 年分月计划电量（GWh） | 月度未来计划发电量（GWh） | 月度计划发电总量（GWh） | 年度计划电量完成进度 |
|---|---|---|---|---|
| 1 | 60.48 | 54.30 | 62.29 | 1.030 |
| 2 | 0.00 | 0.00 | 0.78 | 0.000 |
| 3 | 0.00 | 0.00 | 0.00 | 0.000 |
| 4 | 41.08 | 34.78 | 41.20 | 1.003 |
| 5 | 29.26 | 24.60 | 30.13 | 1.030 |
| 6 | 0.00 | 0.00 | 0.00 | 0.000 |
| 7 | 33.33 | 27.01 | 34.33 | 1.030 |
| 8 | 144.40 | 125.91 | 144.40 | 1.000 |
| 9 | 55.02 | 47.43 | 55.02 | 1.000 |
| 10 | 12.10 | 8.94 | 10.97 | 0.907 |
| 11 | 13.17 | 11.13 | 13.56 | 1.030 |
| 12 | 39.36 | 32.08 | 40.54 | 1.030 |
| 13 | 31.31 | 26.73 | 32.25 | 1.030 |
| 14 | 43.68 | 32.29 | 39.95 | 0.915 |
| 15 | 0.00 | 0.00 | 0.00 | 0.000 |
| 16 | 44.58 | 38.07 | 45.92 | 1.030 |
| 17 | 38.02 | 31.87 | 38.02 | 1.000 |
| 18 | 32.26 | 26.36 | 32.26 | 1.000 |

| 电厂序号 | 年分月计划电量（GWh） | 月度未来计划发电量（GWh） | 月度计划发电总量（GWh） | 年度计划电量完成进度 |
|---|---|---|---|---|
| 19 | 28.61 | 27.08 | 28.45 | 0.994 |
| 20 | 11.42 | 9.29 | 11.76 | 1.030 |
| 21 | 42.77 | 33.70 | 43.35 | 1.014 |
| 22 | 42.74 | 35.77 | 43.05 | 1.007 |
| 23 | 41.25 | 33.83 | 41.25 | 1.000 |
| 24 | 36.03 | 30.15 | 36.03 | 1.000 |
| 25 | 43.99 | 38.02 | 45.31 | 1.030 |
| 26 | 0.00 | 0.00 | 0.00 | 0.000 |
| 27 | 0.00 | 0.00 | 0.00 | 0.000 |
| 28 | 26.88 | 21.78 | 27.69 | 1.030 |
| 29 | 13.44 | 10.93 | 13.76 | 1.024 |
| 30 | 0.00 | 0.00 | 0.00 | 0.000 |
| 31 | 59.15 | 49.31 | 59.15 | 1.000 |
| 32 | 36.29 | 31.43 | 36.29 | 1.000 |
| 33 | 49.61 | 41.42 | 51.10 | 1.030 |
| 34 | 27.45 | 25.63 | 28.28 | 1.030 |
| 35 | 36.77 | 32.26 | 37.88 | 1.030 |
| 36 | 26.55 | 21.93 | 27.34 | 1.030 |
| 37 | 63.26 | 56.96 | 68.53 | 1.083 |
| 38 | 24.19 | 19.85 | 24.19 | 1.000 |
| 39 | 47.50 | 36.68 | 48.93 | 1.030 |
| 40 | 36.29 | 30.14 | 37.38 | 1.030 |
| 41 | 39.92 | 31.60 | 41.11 | 1.030 |
| 42 | 51.57 | 45.71 | 52.50 | 1.018 |
| 43 | 32.26 | 26.38 | 32.26 | 1.000 |
| 44 | 27.42 | 23.01 | 28.24 | 1.030 |
| 45 | 29.07 | 24.35 | 29.95 | 1.030 |
| 46 | 0.00 | 0.00 | 1.07 | 0.000 |
| 47 | 0.00 | 0.00 | 0.00 | 0.000 |
| 48 | 49.25 | 31.98 | 50.73 | 1.030 |
| 49 | 42.77 | 29.81 | 35.31 | 0.826 |
| 50 | 65.40 | 55.94 | 65.40 | 1.000 |
| 51 | 72.58 | 64.24 | 72.58 | 1.000 |
| 52 | 17.56 | 15.83 | 18.09 | 1.030 |
| 53 | 58.50 | 49.10 | 60.26 | 1.030 |
| 54 | 8.81 | 7.18 | 9.16 | 1.039 |

| 电厂序号 | 年分月计划<br>电量（GWh） | 月度未来计划<br>发电量（GWh） | 月度计划发电<br>总量（GWh） | 年度计划电量<br>完成进度 |
|---|---|---|---|---|
| 55 | 26.09 | 22.36 | 26.09 | 1.000 |
| 56 | 58.65 | 49.30 | 60.41 | 1.030 |
| 57 | 20.16 | 16.51 | 20.16 | 1.000 |
| 58 | 26.99 | 22.78 | 27.80 | 1.030 |
| 59 | 26.88 | 22.04 | 26.88 | 1.000 |
| 60 | 44.58 | 30.71 | 45.92 | 1.030 |

## 4.4.3　机组停备计划分析

经过机组组合优化，系统新增机组停备信息如表 4-2 所示。

表 4-2　　　　　　　　　　　2015 年 2 月新增机组停备信息

| 序号 | 机组名称 | 停备开始时间 | 停备结束时间 |
|---|---|---|---|
| 1 | 华北．北疆/25kV.2#机组 | 20150210 | 20150210 |
| 2 | 华北．北疆/25kV.2#机组 | 20150216 | 20150221 |
| 3 | 华北．北疆/25kV.2#机组 | 20150228 | 20150228 |
| 4 | 华北．北疆/25kV.1#机组 | 20150218 | 20150227 |
| 5 | 天津．大港厂/20kV.2#机组 | 20150214 | 20150219 |
| 6 | 天津．大港厂/20kV.2#机组 | 20150225 | 20150228 |
| 7 | 天津．大港厂/20kV.3#机组 | 20150223 | 20150228 |
| 8 | 冀北．陡河/15kV.7#机组 | 20150211 | 20150217 |
| 9 | 冀北．陡河/15kV.7#机组 | 20150223 | 20150228 |
| 10 | 冀北．陡河/15kV.5#机组 | 20150209 | 20150213 |
| 11 | 冀北．陡河/15kV.5#机组 | 20150220 | 20150225 |
| 12 | 华北．京隆/20kV.2#机组 | 20150217 | 20150222 |
| 13 | 华北．京隆/20kV.1#机组 | 20150219 | 20150220 |
| 14 | 天津．军厂/15kV.5#机组 | 20150225 | 20150228 |
| 15 | 冀北．秦热/20kV.3#机组 | 20150218 | 20150227 |
| 16 | 华北．沙岭子/20kV.7#机组 | 20150218 | 20150228 |
| 17 | 华北．沙岭子/20kV.3#机组 | 20150208 | 20150212 |
| 18 | 华北．沙岭子/20kV.3#机组 | 20150218 | 20150224 |
| 19 | 华北．上都/20kV.3#机组 | 20150226 | 20150228 |
| 20 | 华北．上都/20kV.5#机组 | 20150206 | 20150210 |
| 21 | 华北．上都/20kV.5#机组 | 20150216 | 20150223 |
| 22 | 华北．上都/20kV.6#机组 | 20150212 | 20150217 |

| 序号 | 机组名称 | 停备开始时间 | 停备结束时间 |
|---|---|---|---|
| 23 | 华北．上都/20kV.6♯机组 | 20150223 | 20150228 |
| 24 | 华北．托克托/20kV.4♯机组 | 20150210 | 20150224 |
| 25 | 华北．托克托/20kV.6♯机组 | 20150226 | 20150228 |
| 26 | 华北．托克托/20kV.2♯机组 | 20150212 | 20150219 |
| 27 | 华北．托克托/20kV.2♯机组 | 20150225 | 20150228 |
| 28 | 华北．托克托/20kV.3♯机组 | 20150210 | 20150223 |
| 29 | 天津．武清燃气热电厂/13.8kV.3♯机组 | 20150207 | 20150211 |
| 30 | 天津．武清燃气热电厂/13.8kV.3♯机组 | 20150218 | 20150223 |
| 31 | 天津．武清燃气热电厂/13.8kV.3♯机组 | 20150228 | 20150228 |
| 32 | 天津．武清燃气热电厂/10.5kV.4♯机组 | 20150216 | 20150222 |
| 33 | 天津．武清燃气热电厂/10.5kV.4♯机组 | 20150228 | 20150228 |
| 34 | 华北．岱海/20kV.1♯机组 | 20150212 | 20150217 |
| 35 | 华北．岱海/20kV.1♯机组 | 20150223 | 20150228 |
| 36 | 华北．岱海/20kV.3♯机组 | 20150212 | 20150216 |
| 37 | 华北．岱海/20kV.3♯机组 | 20150222 | 20150228 |
| 38 | 华北．岱海/20kV.4♯机组 | 20150226 | 20150228 |

## 4.5 技 术 特 点

（1）建立了计及间歇式能源消纳的多日机组组合优化模型，综合考虑系统负荷平衡、机组安全运行约束、电网安全约束以及新能源功率预测等约束条件，实现间歇式能源的优先消纳和常规机组停备优化，提升机组运行经济效益水平。

（2）提出了多日多目标电力电量联合优化建模技术，引入理想负荷率区间，解决了机组电力与机组电量之间的耦合问题。

（3）提出了多目标联合优化方法，实现了新能源优先消纳、"三公"进度均衡与机组的理想负荷率目标之间的联合优化。

# 5

日前间歇式能源与常规能源
发电计划协调优化编制

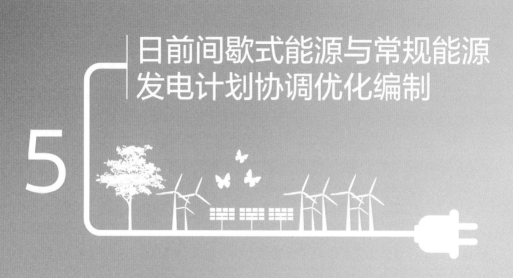

## 5.1　日前计划概述

根据对以往间歇式新能源接入和运行控制历史数据的分析，发现新能源接纳能力不足主要受制于电网结构薄弱，以及电源布局不合理，无法满足高渗透率新能源发电接入后的电网频率电压和供电可靠性要求。但也发现，机组启停和出力计划安排对风电接纳也有非常明显的影响，合理的新能源与火电等常规能源发电协调优化，有助于挖掘电网潜力，提升风电发电接纳能力。

因此，间歇式能源大规模接入后，如何合理地安排间歇式能源与常规能源的发电计划以提升间歇式能源发电的接纳能力以及降低由系统安全因素引起的弃风、弃光问题，成为亟待解决的问题。需要利用高精度负荷预测和新能源功率预测信息，通过日前新能源与常规能源协调优化，消除大规模新能源接入面临的主要风险，为日内及实时调度提供更大的安全裕度和更为广泛的调节手段。

## 5.2　日前间歇式能源与常规能源发电计划协调优化算法

日前间歇式能源与常规能源发电计划协调优化算法是考虑在系统平衡约束、机组运行约束，以及指定的电网安全等各类约束条件的基础上，编制目标函数最小且满足电网安全约束的发电计划，包括机组开停方式和各时段的发电出力。

根据优化目标的选择，日前发电计划优化支持节能调度、"三公"调度等调度模式。

安全约束发电计划优化基于安全约束机组组合/安全约束经济调度（SCUC/SCED）技术，既可以同时优化机组启停方案和出力计划，也可以在已知机组组合状态的条件下，只对机组出力计划进行优化计算。

### 5.2.1　优化目标

节能调度模式下，优化目标为所有机组的发电能耗最低，即

$$\min F = \sum_{t=1}^{T} \sum_{i=1}^{I} [C_{i,t} + C_{i,t}^{st}] \qquad (5-1)$$

式中：$T$ 为系统调度期间的时段数；$I$ 为系统机组数；$C_{i,t}$ 为常规发电机组 $i$ 在 $t$ 时段的发电成本；$C_{i,t}^{\text{st}}$ 为常规发电机组 $i$ 在 $t$ 时段的启动成本。

系统发电煤耗最低目标要求在满足系统和机组约束的前提下，以系统发电煤耗最小为目标，优化发电计划。各火电机组煤耗曲线采用凸的分段线性模型。

电量计划进度均衡调度模式下，优化目标为所有机组出力与初始计划的偏差最小，即

$$\min F = \sum_{t=1}^{T} \sum_{i=1}^{I} \{C[|p(i,t)-p_0(i,t)|/p_{\text{reg}}(i,t)]\} \tag{5-2}$$

式中：$T$ 为系统调度期间的时段数；$I$ 为系统机组总数；$p(i, t)$ 为机组 $i$ 在时段 $t$ 的出力；$p_0(i, t)$ 为机组 $i$ 在时段 $t$ 的初始计划出力；$p_{\text{reg}}(i, t)$ 为机组 $i$ 在时段 $t$ 的偏差标幺量纲。$C[|p(i, t)-p_0(i, t)|/p_{\text{reg}}(i, t)]$ 为机组出力偏差的成本函数，它是分段线性的凸曲线，如图 5-1 所示，通过对机组不同的有功偏差量加入相应的成本，随着偏差量的增加，成本增大，达到发电计划与初始计划偏差最小的要求。

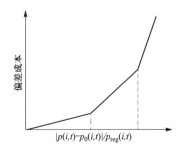

图 5-1　机组出力偏差成本

优化目标中的初始计划生成步骤为：在获取数据并验证通过后，根据获取的负荷预测、联络线计划、水电计划、固定出力计划等，按电力平衡关系，计算调管机组的总发电负荷，并按比例或优先顺序的方式，分解到各调管机组的各时段出力，形成初始发电计划。也可以从短期交易管理应用获取初始计划。

当不满足电网安全运行要求时，按照与初始分配出力偏差最小的原则调整发电计划，实现公平与安全的协调优化。

偏差最小的具体算法根据 $p_{\text{reg}}(i, t)$ 的取值，可以有多种偏差优化原则。

等容量比例偏差优化

$$p_{\text{reg}}(i,t) = p_{\max}(i,t) \tag{5-3}$$

等量偏差优化

$$p_{\text{reg}}(i,t) = 1 \tag{5-4}$$

等可用容量比例偏差优化

$$p_{\text{reg}}(i,t) = p_{\max}(i,t) - p_0(i,t) \tag{5-5}$$

等电量比例偏差优化

$$p_{reg}(i,t) = E_0(i,t) \tag{5-6}$$

## 5.2.2 间歇式能源优化模型

大规模间歇式能源接入系统后，可能会导致系统运行安全问题。在某些情况下，需要进行弃风、弃光。

考虑弃风/弃光后，目标函数仍为调度周期内系统总成本（煤耗）最低，由于新能源发电成本为零，仅在发生弃风/弃光时考虑虚拟弃风/弃光惩罚成本。因此系统实际成本为常规火电机组发电成本，优化目标为

$$\min F = \sum_{t=1}^{T} \sum_{i=1}^{N} \left[ C_{i,t} + C_{i,t}^{q} \right] + \sum_{t=1}^{T} \sum_{w=1}^{W} \Delta_{w,t} \tag{5-7}$$

式中：$T$ 为系统调度周期所含时段数；$N$ 为系统中参与调度的常规火电机组数；$C_{i,t}$ 为常规发电机组 $i$ 在 $t$ 时段的发电成本；$W$ 为系统中新能源机组数；$\Delta_{w,t}$ 为新能源机组 $w$ 在 $t$ 时段的虚拟弃风/弃光惩罚成本。

为适应不同的调度需求，在新能源与常规能源协调优化调度计划模块中对于新能源功率的处理模式一般有以下三种。

模式 1：将新能源功率上报/预测出力作为固定出力计划，只优化常规火电机组出力。本书称此为固定新能源出力模式。

模式 2：设置新能源功率上报/预测曲线为出力上限，新能源机组零发电成本（优先接纳），新能源机组与常规火电机组全局优化。本书称此为新能源零成本模式。

模式 3：设置新能源功率上报/预测曲线为出力上限，增加新能源功率虚拟弃风/弃光成本，对弃风/弃光电量进行惩罚，新能源机组与常规火电机组全局优化。本文称此为新能源有序优化模式。

由于系统存在调峰问题和网络通道受阻问题等原因，新能源功率不一定能够全额接纳。当新能源接纳能力不足时，就需要进行弃风/弃光处理。对于固定新能源出力模式，由于以新能源功率预测出力作为固定出力计划，优化模块不能对其进行优化调整，当新能源接纳能力不足时只能进行人工弃风/弃光；对于新能源零成本模式，优化模块自动弃风/弃光，使系统总发电成本最小，但此时弃风/弃光功率在所有新能源机组之间的分配具有一定随机性；对于新能源有序优化模式，新能源接

纳能力不足时，可以按照事先指定的顺序自动有序优化，达到综合成本最小的目标。

在固定新能源出力模式下，不考虑新能源弃风/弃光成本，故有

$$\Delta_{w,t}=0 \quad \forall w, \quad \forall t \tag{5-8}$$

同时考虑新能源固定出力约束

$$p_{w,t}=P_{w,t}^{\text{fix}} \tag{5-9}$$

式中：$p_{w,t}$ 为新能源机组 $w$ 在 $t$ 时段的优化出力；$P_{w,t}^{\text{fix}}$ 为新能源机组 $w$ 在 $t$ 时段的预测出力，作为固定出力。

在新能源零成本模式下，也不考虑新能源弃风/弃光虚拟成本，即

$$\Delta_{w,t}=0 \quad \forall w, \forall t \tag{5-10}$$

同时以新能源功率预测出力作为新能源出力上限，即

$$p_{w,t} \leqslant P_{w,t}^{\text{fix}} \tag{5-11}$$

在新能源有序优化模式下，引入新能源弃风/弃光分段惩罚因子，该因子可以为电网公司对新能源机组发生限制出力时的补偿价格因数，也可为虚拟的仅具有数学意义的惩罚因子（为叙述清晰，本书对这两种情况不进行区分）。同时要采用合理的函数来衡量新能源机组的弃风/弃光电量，进而对常规机组和新能源机组进行联合优化。

引入新能源弃风/弃光分段惩罚因子后，限制出力成本可表示为

$$\Delta_{w,t}=\sum_{s=1}^{S}\lambda_{w,s}\Delta p_{w,s,t} \tag{5-12}$$

式中：$S$ 为分段惩罚函数总段数；$\lambda_{w,s}$ 为新能源机组 $w$ 在其分段函数第 $s$ 段的惩罚因子，该因子一般较大，以达到抑制弃风/弃光的效果；$\Delta p_{w,s,t}$ 为新能源机组 $w$ 在 $t$ 时段在分段函数第 $s$ 段上的变化量，为非负值。

新能源机组弃风/弃光量采用分段累加表达，即

$$p_{w,t}^{\text{drop}}=\sum_{s=1}^{S}\Delta p_{w,s,t} \tag{5-13}$$

$$0 \leqslant \Delta p_{w,s,t} \leqslant P_{w,s,t}^{\Delta}-P_{w,s-1,t}^{\Delta} \tag{5-14}$$

式中：$p_{w,t}^{\text{drop}}$ 为新能源机组 $w$ 在 $t$ 时段的限制出力；$P_{w,s,t}^{\Delta}$ 为分段函数中各分段区间的终点功率。

新能源弃风/弃光分段惩罚因子如图 5-2 所示，随着限制出力的增加，惩罚因

子也会增加。

采用分段递增惩罚因子后，随着弃风/弃光的增加，惩罚成本快速增大，如图 5-3 所示。通过对新能源机组在各段惩罚因子的控制，可以达到有序优化的效果。

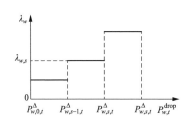

图 5-2　新能源弃风/弃光分段惩罚因子　　　图 5-3　新能源弃风/弃光分段惩罚函数

由图 5-3 易知，新能源弃风/弃光量最小为 0，最大值为新能源功率预测出力，因此有

$$P_{w,0,t}^{\Delta}=0 \tag{5-15}$$

$$P_{w,s,t}^{\Delta}=P_{w,t}^{\mathrm{fix}} \tag{5-16}$$

$$p_{w,t}^{\mathrm{drop}}{\leqslant}P_{w,t}^{\mathrm{fix}} \tag{5-17}$$

在此模式下，新能源机组出力为

$$p_{w,t}=P_{w,t}^{\mathrm{fix}}-p_{w,t}^{\mathrm{drop}} \tag{5-18}$$

## 5.2.3　常规约束条件

### 5.2.3.1　系统平衡约束

间歇式能源协调优化需要考虑的系统平衡约束包括负荷平衡约束、旋转备用约束、调节（AGC）备用约束。

负荷平衡表示为

$$\sum_{i=1}^{I}p(i,t)=p_{\mathrm{d}}(t) \tag{5-19}$$

式中：$p_{\mathrm{d}}(t)$ 为 $t$ 时的系统发电口径净负荷；该负荷根据实际情况，事先做"扣减联络线功率""网损修正""厂用电修正"，将原始负荷预测数据、换算为"调管区域的发电负荷预测"。

旋转备用约束为

$$\sum_{i=1}^{I} \overline{r}(i,t) \geqslant \overline{p_{\mathrm{r}}}(t) \tag{5-20}$$

$$\sum_{i=1}^{I} \underline{r}(i,t) \geqslant \underline{p_{\mathrm{r}}}(t) \tag{5-21}$$

式中：$\overline{r}(i,t)$ 为机组 $i$ 在 $t$ 时提供的上调旋转备用；$\overline{p_{\mathrm{r}}}(t)$ 为系统 $t$ 时的上调旋转备用需求。$\underline{r}(i,t)$ 为机组 $i$ 在 $t$ 时提供的下调旋转备用；$\underline{p_{\mathrm{r}}}(t)$ 为系统 $t$ 时的下调旋转备用需求。

调节（AGC）备用约束为

$$\sum_{i \in I_g} \overline{r'}(i,t) \geqslant \overline{p'_{\mathrm{r}}}(t) \tag{5-22}$$

$$\sum_{i \in I_g} \underline{r'}(i,t) \geqslant \underline{p'_{\mathrm{r}}}(t) \tag{5-23}$$

式中：$\overline{r'}(i,t)$ 为机组 $i$ 在 $t$ 时提供的 AGC 上调备用；$\overline{p'_{\mathrm{r}}}(t)$ 为系统 $t$ 时的 AGC 上调备用需求。$\underline{r'}(i,t)$ 为机组 $i$ 在 $t$ 时提供的 AGC 下调备用；$\underline{p'_{\mathrm{r}}}(t)$ 为系统 $t$ 时的 AGC 下调备用需求。

### 5.2.3.2 机组运行约束

间歇式能源协调优化需要考虑的机组运行约束包括发电机组输出功率上下限约束、最小运行时间和最小停运时间约束、最大开停次数和机组加、减负荷速率约束。

发电机组输出功率上下限约束为

$$p_{i,\mathrm{min}} u(i,t) \leqslant p(i,t) \leqslant p_{i,\mathrm{max}} u(i,t) \tag{5-24}$$

式中：$p_{i,\mathrm{min}}$、$p_{i,\mathrm{max}}$ 分别表示发电机组 $i$ 输出功率的上下限；$u(i,t)$ 为机组 $i$ 在时段 $t$ 的运行状态，1 表示运行，0 表示停运。

最小运行时间和最小停运时间约束为

$$(V_{t,i}^{\mathrm{on}} - T_i^{\mathrm{min\_on}})[u(i,t-1) - u(i,t)] \geqslant 0 \tag{5-25}$$

$$(V_{t,i}^{\mathrm{off}} - T_i^{\mathrm{min\_off}})[u(i,t) - u(i,t-1)] \geqslant 0 \tag{5-26}$$

式中：$T_i^{\mathrm{min\_on}}$ 和 $T_i^{\mathrm{min\_off}}$ 分别为机组 $i$ 的最小运行时间和最小停运时间；$V_{t,i}^{\mathrm{on}}$ 和 $V_{t,i}^{\mathrm{off}}$ 分别为机组 $i$ 在 $t$ 时段之前的连续开机和停机时间。

最大开停次数（不含人工指定的开停，实际应用时可能置 0）为

$$\sum_{t=1}^{T} y(i,t) = N_s \tag{5-27}$$

式中：$N_s$ 表示调度期内最大开停次数；$y(i,t)$ 为机组 $i$ 在时段 $t$ 是否有停机

到开机状态变化的标志。

机组加、减负荷速率约束为

$$-\Delta_i \leqslant p_i(t) - p_i(t-1) \leqslant \Delta_i \tag{5-28}$$

式中：$\Delta_i$ 为机组 $i$ 每时段可加减负荷的最大值。

### 5.2.3.3 电网安全约束

间歇式能源协调优化需要考虑的电网安全约束包括支路潮流约束和联络线断面潮流约束。

支路潮流约束为

$$\underline{p_{ij}} \leqslant p_{ij}(t) \leqslant \overline{p_{ij}} \tag{5-29}$$

式中：$p_{ij}$、$\underline{p_{ij}}$、$\overline{p_{ij}}$ 分别表示支路 $ij$ 的潮流功率及正反向限值。

联络线断面潮流约束为

$$\underline{P_{ij}} \leqslant P_{ij}(t) \leqslant \overline{P_{ij}} \tag{5-30}$$

式中：$P_{ij}$、$\underline{P_{ij}}$、$\overline{P_{ij}}$ 分别表示联络线断面 $ij$ 的潮流功率及正反向限值。

### 5.2.3.4 实用化约束

"实用化约束"为考虑实际电网调度运行时，依据电网运行的特点，可选择配置的约束条件，这类条件基于电网和机组运行的实际要求设置。实用化约束包含机组固定出力、机组固定启停方式、机组调节备用、分区出力约束、分区备用约束。

机组固定出力：机组在特定时段内按照给定的发电计划运行，在此特定时段内该机组不参与经济调度计算。

机组固定启停方式：用于表示机组在特定时段内的可用状态，包括必开和必停。在此特定时段内两类机组不参与机组组合计算。

机组调节备用（AGC 备用）为

$$\overrightarrow{r_i}(t) \geqslant \overrightarrow{r_i^g} \tag{5-31}$$

$$r_i'(t) \geqslant r_i^g \tag{5-32}$$

式中：$\overrightarrow{r_i}(t)$ 为机组 $i$ 在 $t$ 时提供的 AGC 上调备用；$r_i'(t)$ 为机组 $i$ 在 $t$ 时提供的 AGC 下调备用。

分区出力约束为

$$\overline{P_v(t)} \geqslant \sum_{i \in A_v} p(i,t) \geqslant \underline{P_v(t)} \tag{5-33}$$

式中：$A_v$ 表示分区；$\underline{P_v(t)}$、$\overline{P_v(t)}$ 表示分区出力下限和上限。

分区备用约束为

$$\sum_{i \in A_r} r_i(t) \geqslant \underline{R_{A_r}} \tag{5-34}$$

$$\sum_{i \in A_r} r_i'(t) \geqslant \underline{R_{A_r}'} \tag{5-35}$$

式中：$A_r$ 表示备用分区；$\underline{R_{A_r}}$、$\underline{R_{A_r}'}$ 表示分区上备用和下备用。

### 5.2.3.5　经营性约束

经营性约束为特定调度模式下、特定自然条件或社会条件下需要考虑的约束条件，这些条件依据不同场合的实际情况而定，一般包括燃料约束、电量约束和环保排放约束。

燃料约束为

$$\sum_{i \in g} \sum_{t=1}^{T} F[p(i,t)] \leqslant F_g(T) \tag{5-36}$$

式中：$F[p(i,t)]$ 表示机组 $i$ 的燃料消耗特性函数；$g$ 表示电厂；$F_g(T)$ 表示电厂 $g$ 在调度周期 $T$ 的燃料上限。

电量约束为

$$\underline{H_g(T)} \leqslant \sum_{i \in I} \sum_{t=1}^{T} p(i,t) \leqslant \overline{H_g(T)} \tag{5-37}$$

式中：$I$ 表示电厂；$\underline{H_g(T)}$、$\overline{H_g(T)}$ 表示电厂 $g$ 在调度周期 $T$ 的总电量下限和上限。

环保排放约束为

$$\sum_{i \in I} \sum_{t=1}^{T} E[p(i,t)] \leqslant E(T) \tag{5-38}$$

式中：$E[p(i,t)]$ 表示机组 $i$ 的环保排放函数，用平均系数表示；$E(T)$ 表示系统在调度周期 $T$ 的排放上限。

### 5.2.3.6　机组群约束

机组群约束支持按照一定规则，对优化机组进行分类分组，将每一组机组定义为一个机组群，并以机组群为单位进行约束管理，一般包括电量约束、电力约束、启机台数约束和调节备用约束。

电量约束为

$$\underline{E_m(T)} \leqslant \sum_{i \in m} \sum_{t=1}^{T} p(i,t) \leqslant \overline{E_m(T)} \tag{5-39}$$

式中：$m$ 表示机组群；$\underline{E_m(T)}$、$\overline{E_m(T)}$ 表示机组群 $m$ 在调度周期 $T$ 的总电量下限和上限。

电力约束为

$$\underline{P_m(t)} \leqslant \sum_{i \in I} p(i,t) \leqslant \overline{P_m(t)} \tag{5-40}$$

式中：$\underline{P_m(t)}$、$\overline{P_m(t)}$ 表示机组出力下限和上限约束。

启机台数约束为

$$\underline{S_m(t)} \leqslant \sum_{i \in I} u(i,t) \leqslant \overline{S_m(t)} \tag{5-41}$$

式中：$\underline{S_m(t)}$、$\overline{S_m(t)}$ 表示最少启动机组台数和最大启动机组台数。

调节备用（AGC）约束为

$$\sum_{i \in m} r_i(t) \geqslant \underline{R_m(t)} \tag{5-42}$$

$$\sum_{i \in m} r_i'(t) \geqslant \overline{R_m(t)} \tag{5-43}$$

式中：$\underline{R_m(t)}$、$\overline{R_m(t)}$ 表示上调节备用和下调节备用约束。

## 5.2.4 机组出力波动平滑约束

在发电计划编制应用中，通常考虑的机组运行约束为机组出力上下限约束、爬坡/滑坡约束、最小开停时间约束等。应用程序在满足上述约束条件的优化空间内寻找发电成本最小的一组发电计划，但这经常会出现某些机组出力快速升降甚至上下波动的情形，大规模新能源接入后，新能源出力的波动性、系统等效负荷的变化更加剧烈，导致机组出力波动的现象更加明显。从数学寻优的角度来说，这是可以解释的，因为最优解一般在可行域的极点上，这必然会导致某些机组出力的波动。但从实际运行的角度来说，机组出力来回波动需要频繁调节蒸汽轮机进气阀门，给实际操作造成不便，并导致机械磨损的加重，长期如此运行反而会导致发电效益的下降。因此，在发电计划模型中加入机组出力变动导致的磨损成本，对于减少出力波动，降低机械磨损，对提升新能源和常规能源发电计划协调优化结果的实用性是十分必要和有意义的。

为避免机组出力剧烈波动，需要在发电计划模型中加入出力变化的惩罚成本因子，该因子可以为机组在实际运行中的机械磨损价格因数，也可为虚拟的仅具有数学意义的惩罚因子（为叙述清晰，本书对这两种情况不进行区分）。同时要采用合理的函数来衡量机组出力的变化，进而对所有机组的出力进行优化。

### 5.2.4.1 机组出力变化线性惩罚模型

考虑机组出力变化成本后，间歇式能源与常规能源协调优化目标重写为

$$\min F = \sum_{t=1}^{T} \sum_{i=1}^{I} [C_{i,t} + C_{i,t}^{st} + \Delta_{i,t}] + \sum_{t=1}^{T} \sum_{w=1}^{W} \Delta_{w,t} \tag{5-44}$$

式中：$\Delta_{i,t}$ 为机组 $i$ 在 $t$ 时刻由于出力变化导致的惩罚成本。

机组出力变化成本 $\Delta_{i,t}$ 可表示为

$$\Delta_{i,t} = \lambda_i \cdot |p_{i,t} - p_{i,t-1}| \tag{5-45}$$

式中：$\lambda_i$ 为机组 $i$ 出力变化的惩罚因子。

由于式（5-45）中含有绝对值形式，为非线性的，而发电计划模型是线性模型，因此，需要对式（5-45）进行线性转化，即

$$|p_{i,t} - p_{i,t-1}| = p_{i,t}^{+} + p_{i,t}^{-} \tag{5-46}$$

$$\text{s. t.} \quad p_{i,t} - p_{i,t-1} = p_{i,t}^{+} - p_{i,t}^{-} \tag{5-47}$$

$$p_{i,t}^{+} \geqslant 0 \tag{5-48}$$

$$p_{i,t}^{-} \geqslant 0 \tag{5-49}$$

对于 $p_{i,t}$ 与 $p_{i,t-1}$ 的相对大小，有以下三种情况。

（1）$p_{i,t} = p_{i,t-1}$，此时有

$$|p_{i,t} - p_{i,t-1}| = p_{i,t}^{+} + p_{i,t}^{-} = 0 \tag{5-50}$$

联立式（5-46）～式（5-48），可得

$$p_{i,t}^{+} = p_{i,t}^{-} = 0 \tag{5-51}$$

（2）$p_{i,t} > p_{i,t-1}$，此时有

$$|p_{i,t} - p_{i,t-1}| = p_{i,t} - p_{i,t-1} \tag{5-52}$$

联立式（5-46）～式（5-49），可得

$$\begin{cases} p_{i,t}^{+} = p_{i,t} - p_{i,t-1} \\ p_{i,t}^{-} = 0 \end{cases} \tag{5-53}$$

（3）$p_{i,t} < p_{i,t-1}$，此时有

$$|p_{i,t} - p_{i,t-1}| = p_{i,t-1} - p_{i,t} \tag{5-54}$$

联立式（5-46）～式（5-49），可得

$$\begin{cases} p_{i,t}^{+} = 0 \\ p_{i,t}^{-} = p_{i,t-1} - p_{i,t} \end{cases} \tag{5-55}$$

由以上分析可知，经过变量替换式（5-46）～式（5-49），即可得到式（5-51）的线性形式为

$$\Delta_{i,t} = \lambda_i \cdot (p_{i,t}^+ + p_{i,t}^-)\tag{5-56}$$

由式（5-56）易知，在机组出力可变范围内，其惩罚因子是恒定的，故该模型适用于机组出力快速变化的情况。当大型火电机组的出力呈阶梯状变化时，可采用此模型。

### 5.2.4.2 机组出力变化分段惩罚模型

线性惩罚模型可以对机组出力变化进行直观的表达，但在变化区间内，不能对变化量的大小进行控制。为便于控制分配策略，可引入机组出力变化量的分段惩罚因子，如图 5-4 所示，随着变化量的增加，惩罚因子也会增大，用以代替线性惩罚模型中固定的惩罚因子。

采用分段递增惩罚因子后，随着机组出力变化量的增加，惩罚成本快速增大，如图 5-5 所示。通过对各机组在各偏差段惩罚因子的控制，可以达到不同的偏差分配效果。

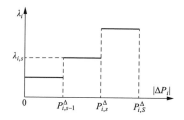

图 5-4　机组出力变化的分段惩罚因子

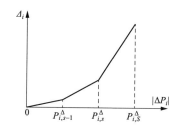

图 5-5　机组出力变化的分段惩罚函数

引入分段惩罚函数后，机组出力变化成本 $\Delta_{i,t}$ 重写为

$$\Delta_{i,t} = \sum_{s=1}^{S} \lambda_{i,s} \Delta p_{i,s,t}\tag{5-57}$$

式中：$S$ 为分段函数总段数；$\Delta p_{i,s,t}$ 为机组 $i$ 在 $t$ 时刻在分段函数第 $s$ 段上的变化量，为非负值；$\lambda_{i,s}$ 为机组 $i$ 在其分段函数第 $s$ 段的惩罚因子。

机组出力变化量采用分段累加表达

$$| p_{i,t} - p_{i,t-1} | = \sum_{s=1}^{S} \Delta p_{i,s,t}\tag{5-58}$$

$$0 \leqslant \Delta p_{i,s,t} \leqslant P_{i,s}^{\Delta} - P_{i,s-1}^{\Delta}\tag{5-59}$$

式中：$P_{i,s}^{\Delta}$为分段函数中各分段区间的终点功率。由于机组功率变动同时受到爬坡率/滑坡率约束，机组出力只能在爬坡/滑坡能力范围内变化，因此有

$$P_{i,0}^{\Delta}=0 \tag{5-60}$$

$$P_{i,s}^{\Delta}=\max\{R_i^u,R_i^d\} \tag{5-61}$$

由式（5-57）易知，随着变化量的增加，惩罚因子也相应增加，该模型会尽量让各机组的变化较平均，适用于机组出力缓慢变化的情况。

### 5.2.4.3 机组出力变化惩罚因子的选取

由优化目标式（5-44）可知，考虑机组出力变化惩罚成本后，惩罚项与机组发电成本相加。由于发电成本具有直接衡量机组运行成本的物理意义，因此惩罚项也被赋予了一定的成本意义，在其选取上，要考虑不同机组的成本因素。

引入惩罚项的原因在于机组在追踪系统负荷变化时产生的出力波动。当系统负荷降低时，机组出力也随之变化以达到其边际发电成本最低的出力区间，当系统负荷升高时，边际发电成本低的机组出力会率先增加以使系统成本最低。以此可知，系统发电最低这一目标是导致部分机组出力剧烈波动的根本原因。

因此，惩罚因子$\lambda_i$需要能抵消部分由于机组出力降低所导致的边际发电成本的降低量，但是也不能完全抵消，否则机组的分段边际成本就失去意义了。据此，可定义惩罚因子$\lambda_i$为

$$\lambda_i=A_i\beta_i\delta_i \tag{5-62}$$

式中：$\delta_i$为机组$i$的各段微增成本差中的最大值；$\beta_i\in(0,1]$，为机组出力变化导致的边际发电成本变化量的抵消比例系数；$A_i$为调整系数，可根据实际系统的情况对各机组惩罚因子进行微调。

当系统负荷升高时，某些边际发电成本低的机组在叠加惩罚成本后，其边际成本会适量增加，其出力也不会再率先增加。因此，惩罚因子$\lambda_i$可以平抑大部分机组的出力波动。

需要指出的是，在不同的系统中，还要根据时间情况对$\lambda_i$进行调整，以得到一组最满足要求、最符合各容量等级机组生产特性的发电计划。

## 5.2.5 抽水蓄能机组模型

### 5.2.5.1 抽水蓄能机组运行特性

抽水蓄能机组可以在发电机和电动机两种状态中转换（当然也可以分别配置发

电机和电动机），负荷低谷时作为电动机从电网吸收功率，给上水库注水，负荷高峰时作为发电机向电网注入功率，从而起到削峰填谷的作用。上水库容量有限，下水库容量相对较大，所以对上水库的容量限制较严格。抽水蓄能机组的运行原理如图 5-6 所示。

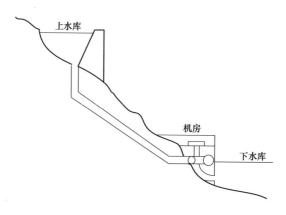

图 5-6　抽水蓄能机组工作原理

抽水蓄能机组在发电状态时，可以看作是一台水电机组，出力可在限值区间内任意调节，启停速度很快，一般没有爬坡（滑坡）速度限制，也没有最小开停时间限制。

抽水蓄能机组在抽水状态时，功率不可以任意调节，一般只运行于最优功率点附近，即只能以固定功率从电网吸收电量。如果功率需要调节，也不能连续调节，只能运行于几个间断的功率点上。

由以上分析可知，抽水蓄能机组具有多种运行状态，不同的运行状态具有各自的成本曲线、出力范围以及爬坡速率等参数。在抽水蓄能机组模型中，为了更精确地描述各个运行状态，可将每一运行状态当作一台虚拟机，即可将抽水蓄能机组的发电状态看作是虚拟发电机，抽水状态看作是虚拟电动机。同时，由于这些虚拟机对应同一台抽水蓄能机组，因而在同一时刻，只有一台虚拟机能处于运行状态。抽水蓄能机组处于不同的运行状态，对外表现出不同的物理特性。

由抽水蓄能机组的运行特性可知，其特性曲线如图 5-7 所示。

如图 5-7 所示，特性曲线在第一象限的

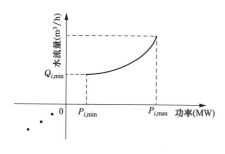

图 5-7　抽水蓄能机组特性曲线

部分和原点构成了虚拟发电机的特性曲线，这和普通水电机组是类似的。其在第三象限的几个离散点代表虚拟电动机的几个间断的功率点，当抽水蓄能机组处于抽水状态时，从电网吸收功率，功率值一般处于最优工作点附近，一般不变化，取一个点即可。为增强通用性，本模型支持多个出力点。

由以上分析，在对抽水蓄能机组进行建模时，可以对其两个工作状态分别建模，之后通过状态间的运行关系耦合起来。

### 5.2.5.2 抽水蓄能机组出力特性模型

由抽水蓄能机组的工作原理可知，其对于机组组合模型目标函数的影响在于通过削峰填谷降低整个系统在优化周期内的总发电成本。

对于抽水蓄能机组来说，其运行成本 $F$ 仅包括其在不同工作状态间转换时产生的成本，即虚拟发电机的启动成本和虚拟电动机的启动成本，表示为

$$\min F = \sum_{t=1}^{T} \sum_{i=1}^{I} (C_{i,t}^{\text{gen}} + C_{i,t}^{\text{pm}}) \tag{5-63}$$

式中：$T$ 为系统调度周期内的时段数目；$I$ 为系统中抽水蓄能机组数目；$C_{i,t}^{\text{gen}}$ 为机组 $i$ 虚拟发电机在 $t$ 时段的启动成本；$C_{i,t}^{\text{pm}}$ 为机组 $i$ 虚拟电动机在 $t$ 时段的启动成本。

抽水蓄能机组的两种工作状态分别被虚化为虚拟发电机和虚拟电动机。其中虚拟发电机模型与普通机组类似，可见于多篇文献，此处不再赘述。

对于虚拟电动机来说，其从电网吸收功率，功率值处于几个功率状态其中之一，即

$$P_{i,t}^{\text{pm}} = \sum_{m=1}^{M} P_{i,m} \cdot I_{i,m,t}^{\text{pm}} \tag{5-64}$$

$$Q_{i,t}^{\text{pm}} = \sum_{m=1}^{M} Q_{i,m} \cdot I_{i,m,t}^{\text{pm}} \tag{5-65}$$

式中：$P_{i,t}^{\text{pm}}$ 为机组 $i$ 虚拟电动机在 $t$ 时段消耗的功率；$m$ 标志机组 $i$ 虚拟电动机的功率点；$M$ 为机组 $i$ 虚拟电动机的功率点数目；$I_{i,m,t}^{\text{pm}}$ 标志机组 $i$ 虚拟电动机在 $t$ 时段是否处于功率点 $m$；$P_{i,m}$ 为机组 $i$ 功率点 $m$ 的功率值；$Q_{i,t}^{\text{pm}}$ 为机组 $i$ 虚拟电动机在 $t$ 时段的抽水量；$Q_{i,m}$ 为机组 $i$ 处于功率点 $m$ 时的水流量。

机组 $i$ 虚拟电动机的开停机约束为

$$\sum_{m=1}^{M} I_{i,m,t}^{\text{pm}} - \sum_{m=1}^{M} I_{i,m,t-1}^{\text{pm}} = y_{i,t}^{\text{pm}} - z_{i,t}^{\text{pm}} \tag{5-66}$$

$$y_{i,t}^{\mathrm{pm}} + z_{i,t}^{\mathrm{pm}} \leqslant 1 \tag{5-67}$$

式中：$y_{i,t}^{\mathrm{pm}}$ 为 0/1 变量，表示机组 $i$ 虚拟电动机在 $t$ 时是否开机（由停变开）；$z_{i,t}^{\mathrm{pm}}$ 为 0/1 变量，表示机组 $i$ 虚拟电动机在 $t$ 时是否停机（由开变停）。

抽水蓄能机组在任一时刻只能处于一种工作状态，即对应于同一抽水蓄能机组的各虚拟机在同一时刻只能有一种处于运行状态，表示为

$$I_{i,t}^{\mathrm{gen}} + \sum_{m=1}^{M} I_{i,m,t}^{\mathrm{pm}} \leqslant 1 \tag{5-68}$$

至此，可得到抽水蓄能机组的出力特性，即

$$P_{i,t} = P_{i,t}^{\mathrm{gen}} - P_{i,t}^{\mathrm{pm}} \tag{5-69}$$

$$Q_{i,t} = Q_{i,t}^{\mathrm{gen}} - Q_{i,t}^{\mathrm{pm}} \tag{5-70}$$

式中：$P_{i,t}$ 为抽水蓄能机组 $i$ 在 $t$ 时段的出力；$P_{i,t}^{\mathrm{gen}}$ 为机组 $i$ 虚拟发电机在 $t$ 时段的出力；$Q_{i,t}$ 为机组 $i$ 在 $t$ 时段的耗水量；$Q_{i,t}^{\mathrm{gen}}$ 为机组 $i$ 虚拟发电机在 $t$ 时段的耗水量；$I_{i,t}^{\mathrm{gen}}$ 为 0/1 量，表示机组 $i$ 虚拟发电机在 $t$ 时段是否运行，即机组 $i$ 在 $t$ 时段是否处于发电状态。

### 5.2.5.3 抽水蓄能机组工作状态转换模型

抽水蓄能机组一般不直接在发电状态和抽水状态转换，而是首先要停机几分钟。对于调度计划编制来说，每一时段一般为 15min 或 1h，因此只需限制停机一个时段即可。建模时，可限制抽水蓄能机组不能直接由发电状态跳转至抽水状态，同样也不能直接由抽水状态跳转至发电状态（即必须以停机状态作为中间状态才能转换），表示为

$$\sum_{m=1}^{M} I_{i,m,t}^{\mathrm{pm}} \leqslant 1 - I_{i,t-1}^{\mathrm{gen}} \tag{5-71}$$

$$I_{i,t}^{\mathrm{gen}} \leqslant 1 - \sum_{m=1}^{M} I_{i,m,t-1}^{\mathrm{pm}} \tag{5-72}$$

由式（5-71）可知，若机组 $i$ 在 $t-1$ 时段处于发电状态，即 $I_{i,t-1}^{\mathrm{gen}}=1$，不等式右端为 0，则不等式变为 $\sum_{m=1}^{M} I_{i,m,t}^{\mathrm{pm}} \leqslant 1-1=0$，由此可得 $I_{i,m,t}^{\mathrm{pm}}=0$ $\quad \forall m$，即在 $t$ 时刻，抽水蓄能机组不可能处于抽水状态；若 $t-1$ 时刻不为发电状态，$I_{i,t-1}^{\mathrm{gen}}=0$，不等式右端为 1，则不等式变为 $\sum_{m=1}^{M} I_{i,m,t}^{\mathrm{pm}} \leqslant 1-0=1$，此时对 $I_{i,m,t}^{\mathrm{pm}}$ 的取值没有限制。对式（5-72）的分析类似。

### 5.2.5.4　抽水蓄能机组工作状态的实用化约束

抽水蓄能机组在特定时刻的运行状态约束，如直接控制其在负荷低谷时段抽水，在负荷高峰时段发电表示为

$$I_{i,t}^{\mathrm{gen}} - \sum_{m=1}^{M} (m \cdot I_{i,m,t}^{\mathrm{pm}}) = S_{i,t}^{\mathrm{fix}} \tag{5-73}$$

式中：$S_{i,t}^{\mathrm{fix}}$ 为机组 $i$ 在 $t$ 时刻的固定运行状态，值域为 $\{1,\ 0,\ -1,\ -2,\ -3,\ \cdots\}$。

例如，若指定机组 $i$ 在 $t$ 时段运行在抽水状态的第 2 功率点，即 $S_{i,t}^{\mathrm{fix}} = -2$，则有 $I_{i,t}^{\mathrm{gen}} - \sum\limits_{m=1}^{M} (m \cdot I_{i,m,t}^{\mathrm{pm}}) = -2$，由于 $I_{i,t}^{\mathrm{gen}}$ 和各个 $I_{i,m,t}^{\mathrm{pm}}$ 最多有一个为 1，若 $I_{i,t}^{\mathrm{gen}}$ 为 1，则 $1-0 = -2$，此式不成立，故 $I_{i,t}^{\mathrm{gen}}$ 只能取 0。此时等式变为 $-\sum\limits_{m=1}^{M} (m \cdot I_{i,m,t}^{\mathrm{pm}}) = -2$，因此只能有机组 $i$ 处于第 $m=2$ 个功率点，即有 $I_{i,2,t}^{\mathrm{pm}} = 1$。当 $S_{i,t}^{\mathrm{fix}}$ 取其他值时也有类似分析。

为避免机组 $i$ 虚拟发电机状态 $I_{i,t}^{\mathrm{gen}}$ 出现 1，0，1 序列，加入约束

$$z_{i,t-1}^{\mathrm{gen}} + y_{i,t}^{\mathrm{gen}} \leqslant 1 \tag{5-74}$$

式中：$y$、$z$ 分别表示机组 $i$ 虚拟发电机在 $t$ 时刻启动，停止状态。

为避免机组 $i$ 虚拟发电机状态 $I_{i,t}^{\mathrm{gen}}$ 出现 0，1，0 序列，加入约束

$$y_{i,t-1}^{\mathrm{gen}} + z_{i,t}^{\mathrm{gen}} \leqslant 1 \tag{5-75}$$

为避免机组 $i$ 虚拟电动机状态 $\sum\limits_{m=1}^{M} I_{i,m,t}^{\mathrm{pm}}$ 出现 1，0，1 序列，加入约束

$$z_{i,t-1}^{\mathrm{pm}} + y_{i,t}^{\mathrm{pm}} \leqslant 1 \tag{5-76}$$

为避免机组 $i$ 虚拟电动机状态 $\sum\limits_{m=1}^{M} I_{i,m,t}^{\mathrm{pm}}$ 出现 0，1，0 序列，加入约束

$$y_{i,t-1}^{\mathrm{pm}} + z_{i,t}^{\mathrm{pm}} \leqslant 1 \tag{5-77}$$

为避免抽水蓄能机组在两种工作状态间频繁转换，对机组 $i$ 的状态转换次数作出限制，即

$$\sum_{t=1}^{T} y_{i,t}^{\mathrm{gen}} \leqslant N_{i}^{\mathrm{gen}} \tag{5-78}$$

$$\sum_{t=1}^{T} y_{i,t}^{\mathrm{pm}} \leqslant N_{i}^{\mathrm{pm}} \tag{5-79}$$

式中：$N_{i}^{\mathrm{gen}}$ 为机组 $i$ 虚拟发电机的最大启动次数；$N_{i}^{\mathrm{pm}}$ 为机组 $i$ 虚拟电动机的

最大启动次数。

如果要求抽水蓄能机组在最后时刻停机，则可如下式所示进行约束

$$I_{i,96}^{\text{gen}} + \sum_{m=1}^{M} I_{i,m,96}^{\text{pm}} = 0 \tag{5-80}$$

### 5.2.5.5 抽水蓄能机组水库水量约束

抽水蓄能机组工作时，是以上下水库的水量作为电能转换介质的，故本书通过上下水库水量的消长来体现电能与势能的转换。

对于抽水蓄能机组的上水库，其水量增减建模表示为

$$V_{i,t}^{\text{up}} = V_{i,t-1}^{\text{up}} - Q_{i,t}^{\text{gen}} + (1-\alpha_i)Q_{i,t}^{\text{pm}} \tag{5-81}$$

式中：$V$ 为机组的上水库水量；$Q$ 为机组在功率点处的水流量 $\alpha_i$ 为抽水蓄能机组 $i$ 在抽水状态时的水量损耗率。

上水库水量限制为

$$V_{i,\text{min}}^{\text{up}} \leqslant V_{i,t}^{\text{up}} \leqslant V_{i,\text{max}}^{\text{up}} \tag{5-82}$$

上水库水量在初始时刻及末时刻水量限制为

$$V_{i,'0'}^{\text{up}} = V_{i,\text{init}}^{\text{up}} \tag{5-83}$$

$$V_{i,'96'}^{\text{up}} = V_{i,\text{end}}^{\text{up}} \tag{5-84}$$

对于抽水蓄能机组的下水库，模型为

$$V_{i,t}^{\text{down}} = V_{i,t-1}^{\text{down}} + (1-\beta_i)Q_{i,t}^{\text{gen}} - Q_{i,t}^{\text{pm}} \tag{5-85}$$

$$V_{i,\text{min}}^{\text{down}} \leqslant V_{i,t}^{\text{down}} \leqslant V_{i,\text{max}}^{\text{down}} \tag{5-86}$$

$$V_{i,0}^{\text{down}} = V_{i,init}^{\text{down}} \tag{5-87}$$

式中：$\beta_i$ 为抽水蓄能机组 $i$ 在发电状态时的水量损耗率。

对于下水库，可不考虑其在末刻的水量约束，因为：①如果模型不考虑水量损耗，则该约束为冗余约束，由上下水库水量增减约束和上下水库水量初始约束可推出该约束；②若考虑水量损耗约束，则在抽水蓄能机组运行过程中上下水库总水量是动态变化的，末时刻的上下水库水量只能控制一个，而对于抽水蓄能机组来说，上水库水量较小，下水库水量较大，削峰填谷更多地取决于上水库水量情况，因此控制上水库水量更有实际意义。

## 5.3 日前间歇式能源与常规能源协调优化发电计划流程

日前发电计划根据间歇式能源和常规能源协调优化发电计划模型，开发日前发电计划应用，支持大规模间歇式能源发电接入，与静态安全校核应用闭环协作，如图 5-8 所示。

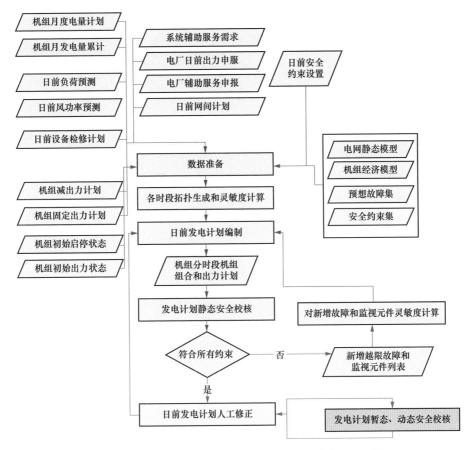

图 5-8　适应大规模间歇式能源接入的日前安全约束发电优化流程

在日前发电计划优化中，间歇式能源发电采用短期功率预测结果，作为间歇式能源机组出力限值参与优化计算。通过约束设置，设定系统备用需求。

（1）首先从日前负荷预测系统获取未来选定时间范围内各时段的系统负荷需求预测、母线负荷需求预测、风功率预测，并获取相应的网间交换计划、辅助服务需求和设备（主要是机组、线路和变压器等）检修计划。此外，获取机组月度电量计划和月度已完成发电量累计、电厂日前竞价申报、辅助服务申报、机组初始启停状态、机组初始出力计划、机组减出力计划和机组固定出力计划等数据。

（2）获取用于日前发电计划编制的网络断面，并根据设备检修计划，自动生成各时段网络拓扑，并计算各时段的灵敏度系数。

（3）根据网络模型注册信息，自动生成各计算时段机组安全约束条件、电网安全约束条件、燃料库存约束条件、环保约束条件，采用线性规划或非线性规划算法，计算目标最优的日前机组组合、机组出力和辅助服务安排。

（4）对步骤（3）形成的机组日前发电计划进行预想故障分析，包括基态安全校核分析、N−1安全校核分析和预定义故障集安全校核分析，如果发现有新的越限，则计算各发电节点对越限元件的灵敏度，并形成新的约束条件，回到步骤（3）计算。

（5）安全校核通过后，形成符合电网安全约束要求的机组日前发电计划。可以人工调整各发电机组的日前计划，并提供各种可视化辅助调节手段。

（6）被调整机组发电计划固定后，重新进入日前发电计划优化编制，计算剩余机组发电计划，并对调节计划进行安全校核，直至满足所有约束条件。

（7）为进一步提高日前发电计划的安全校核强度和可执行能力，将人工调节并通过校核的日前发电计划发送到暂态安全校核和动态安全校核系统，对发电计划进行暂态和动态安全校核，此时安全校核的结果不再自动进入日前发电计划编制，而由使用人员根据校核结果修正日前发电计划编制的约束条件，决定是否重新进行日前发电计划编制。

## 5.4 算 例 分 析

本算例针对某电网某日 96 时段（每时段为 15min）的负荷情况，对间歇式能源与常规发电机组进行协调优化，验证本文算法的有效性。

### 5.4.1 间歇式能源并网协调优化分析

本算例包含发电机组 197 台，其中风电机组 41 台（每一风电场变压器高压侧等效为一台风电机组）。总装机容量为 55151MW，日前计划中需要考虑 40 个稳定断面；某日负荷曲线如图 5-9 所示，最大负荷为 42491MW，最小负荷为 31401MW，机组采用 10 段成本曲线。

本节在节能发电调度模式下，以系统总发电成本最低为目标，同时考虑风功率接纳量最大，对模型进行测试分析。

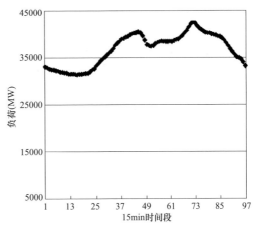

图 5-9　系统负荷预测曲线

风功率并网后，在风电火电协调优化模块中对于风功率的处理方式有以下三种：

方式 1：将风功率上报/预测出力作为固定出力计划，优化常规机组出力。

方式 2：设置风功率上报/预测曲线为出力上限，风电机组发电零成本（优先接纳），风电机组与常规机组全局优化。

方式 3：设置风功率上报/预测曲线为出力上限，增加风功率虚拟弃风成本，对弃风量进行惩罚，风电机组与常规机组全局优化。

由于系统存在调峰和网络通道受限等问题，风功率不一定能够全额消纳。当风电接纳能力不足时，就需要进行弃风处理。对于方式 1，由于以风功率预测出力作为固定出力计划，优化模块不能对其进行优化，当风电接纳能力不足时只能进行人工弃风；对于方式 2，优化模块自动弃风使系统总发电成本（煤耗）最小，但此时弃风功率在所有风电机组之间的分配具有一定随机性；对于方式 3，风电接纳能力不足时，可以按照事先指定的顺序自动有序弃风，达到综合成本最小的目标。

### 5.4.1.1　风功率预测出力作为固定计划

在对风电火电进行协调优化时，将风功率预测出力曲线作为固定出力计划，优化常规机组出力。

根据输入参数，将风电机组的预测出力曲线作为固定出力计划参与风电火电协调优化。以华北．坝头/220kV．坝头机组和华北．桦树岭/220kV．桦树岭机组为例，其风功率预测出力曲线见图 5-10 和图 5-11。

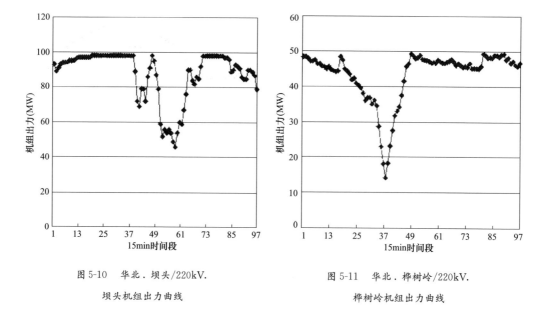

图 5-10　华北·坝头/220kV.
坝头机组出力曲线

图 5-11　华北·桦树岭/220kV.
桦树岭机组出力曲线

风功率预测总出力最大为 1977MW，最小出力为 1687MW，见图 5-12。

与常规机组进行协调优化后，常规火电机组总出力见图 5-13。由于在该处理方式下，仅仅将风功率预测出力作为固定出力计划，因此并没有对风电出力进行优化，而是将风功率出力作为"负的负荷"，将其与系统负荷预测中叠加后，得到的"等效负荷"再由常规火电机组进行优化分配，得到次日发电计划。

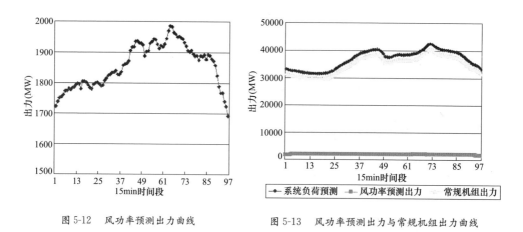

图 5-12　风功率预测出力曲线

图 5-13　风功率预测出力与常规机组出力曲线

当并网风功率较小时，上述处理方式是可行的，风功率的并网并不会带来影响。但当并网风功率较大时，系统存在调峰或网络输电通道受限等问题，风功率无

84

法全额消纳，此时将风功率预测作为固定出力无法求得优化结果。

### 5.4.1.2 风电机组零成本发电

在本方法中，风功率预测曲线设置为其出力上限，风电机组发电成本设置为零，风电机组与常规机组全局优化。本质上来说，将风电机组当成了常规火电机组，又由于风电机组的发电成本设为零，保证了风功率的优先接纳。但在某些时段，由于网络输电通道受限或系统存在调峰问题，并不能保证风电功率的全额消纳，需要进行一定量的弃风。图 5-14 为系统内风电机组的弃风功率曲线。

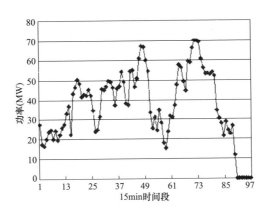

图 5-14　风电机组弃风功率曲线

风功率的预测总出力曲线和经过协调优化后的风电总出力见图 5-15。由图可知，风电出力上限即为风功率预测曲线，风电功率总是得到优先接纳。

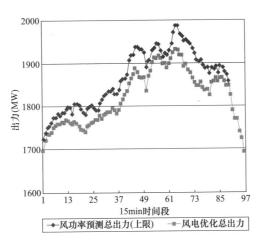

图 5-15　风功率预测总出力曲线与优化总出力

在风电机组与常规机组的联合优化中，优化模块自动弃风使系统总发电成本（煤耗）最小，但由于风电机组的发电成本为零，导致弃风功率在所有风电机组之间的分配具有一定随机性。图 5-16 和图 5-17 分别为参与优化的某几天风电机组的预测出力曲线与实际优化出力曲线。由图可知，风电机组弃风的随机性可能导致单台风电机组出力曲线波动剧烈，给实际风电机组的控制带来了较大问题。

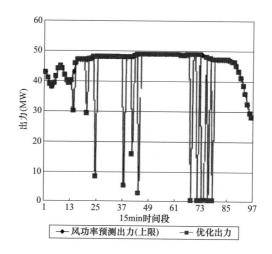

图 5-16　华北．九龙泉/220kV．九龙泉机组出力曲线

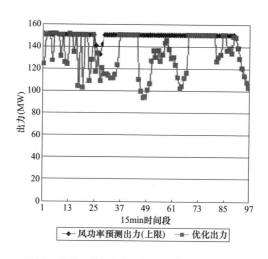

5-17　华北．麒麟山/220kV．麒麟山机组出力曲线

### 5.4.1.3　风功率虚拟弃风成本

本方法中，设置风功率预测曲线为各风电机组出力上限，增加风功率虚拟弃风

成本，对弃风量进行惩罚，风电机组与常规机组全局优化。可以事先指定各风电机组的弃风顺序，在与常规机组协调优化是，可以有序弃风，达到综合成本最小的目标。

本算例设置了 8 台风电机组可以弃风，并指定了弃风次序，见表 5-1。由表 5-1 可知，排在弃风次序较前的风电机组，其风电消纳比例较低，排在弃风次序较后的风电机组，其风电消纳比例较高。

表 5-1                                  风电机组弃风次序及弃风电量

| 风电机组名称 | 弃风次序 | 预测电量（MWh） | 优化电量（MWh） | 风电消纳比例 |
| --- | --- | --- | --- | --- |
| 坝头机组 | 1 | 8431.00 | 7152.72 | 84.83% |
| 东湾机组 | 1 | 9085.41 | 8554.40 | 94.15% |
| 九龙泉机组 | 2 | 4429.70 | 4158.92 | 93.88% |
| 麒麟山机组 | 2 | 14141.82 | 13235.53 | 93.59% |
| 莲花滩机组 | 2 | 8690.35 | 8127.41 | 93.52% |
| 桦树岭机组 | 3 | 4176.35 | 4158.31 | 99.56% |
| 照阳河机组 | 3 | 4418.61 | 4415.49 | 99.92% |
| 宏达机组 | 3 | 1994.57 | 1994.57 | 100.00% |

在方式 2 中，将风电机组设置为零成本进行优化，会导致弃风电量在各风电机组间的随机分配，有可能导致单台风电机组出力曲线波动剧烈。在方式 3 中，通过设置风功率虚拟弃风成本，可以使得各台风电机组按一定的顺序和比例进行弃风，弃风后的实际出力曲线比较平稳。

图 5-18 和图 5-19 为参与弃风的风电机组的预测出力和优化出力曲线。

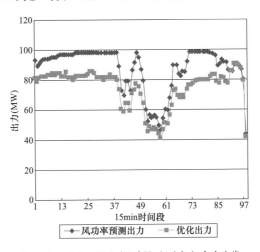

图 5-18    华北.坝头/220kV.坝头机组出力曲线

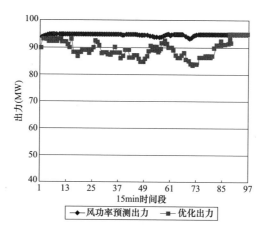

图 5-19　华北·东湾/220kV.东湾机组出力曲线

## 5.4.2　抽水蓄能机组协调优化分析

以 IEEE RTS 96 标准算例系统进行测试。该系统包含 32 台机组，在此基础上增加 3 台抽水蓄能机组，对某日 96 时段负荷进行出力分配，日最大负荷为 2850MW，最小为 1681.5MW。所有机组成本曲线均做线性化处理，分为 3 段。

抽水蓄能机组的出力分配结果见图 5-20 与图 5-21。由此可知，系统中的抽水蓄能机组启动后，其在负荷低谷时段从电网吸收功率，负荷高峰时段注入功率，发挥其调峰作用。

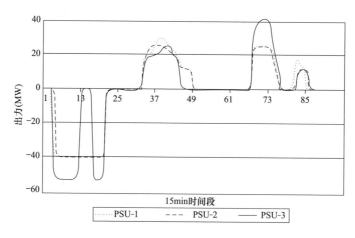

图 5-20　抽水蓄能各机组出力

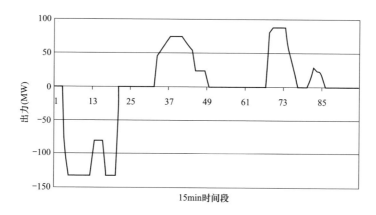

图 5-21　抽水蓄能机组总出力

　　抽水蓄能机组削峰填谷效果显著，系统负荷峰谷差明显得到改善，等效负荷最大为 2761MW，最小为 1710MW，峰谷差为 1051MW；而系统负荷最大为 2850MW，最小为 1681.5MW，峰谷差为 1168.5MW，如图 5-22 所示。

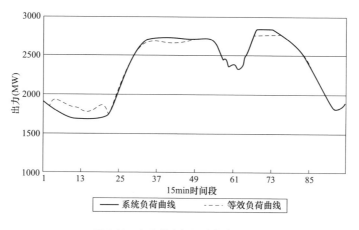

图 5-22　抽水蓄能机组削峰填谷效果

　　系统负荷峰谷差改善后，需要进行启停调峰的机组数量减少。图 5-23 与图 5-24 分别为抽水蓄能机组参与出力分配前后常规机组的启停计划。由此对比可知，无抽水蓄能机组时，在早高峰和晚高峰时段，一些小容量的机组要进行启停调峰；在抽水蓄能机组参与出力分配后，由于其削峰填谷作用，系统负荷峰谷差变小（见图 5-22），参与启停调峰的机组数量减少，降低了系统总发电成本。

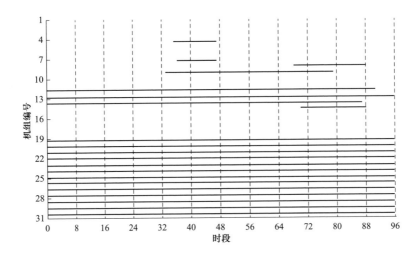

图 5-23　常规机组启停计划

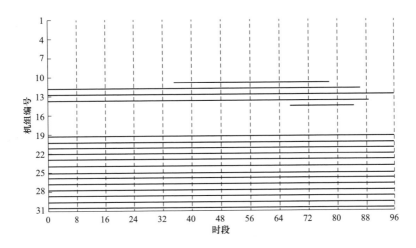

图 5-24　考虑抽水蓄能机组后常规机组启停计划

抽水蓄能机组在调度周期内吸收功率与注入功率见表 5-2。

表 5-2　　　　　　　　　　　抽水蓄能机组吸收与注入功率

| 抽水蓄能机组 | 吸收功率（MWh） | 注入功率（MWh） | 效率 |
|---|---|---|---|
| PSU-1 | 170.43 | 139.00 | 81.56% |
| PSU-2 | 160.40 | 131.42 | 81.93% |
| PSU-3 | 173.33 | 138.66 | 80.00% |

由表 5-2 可知，抽水蓄能机组的工作效率约为 80%，其在工作循环过程中会有一定的电能损失。但尽管如此，由于抽水蓄能机组的调峰作用，其发出的价值更高

的高峰电力，减少了高峰时段的开机数量；吸收了一部分低谷负荷，避免了低谷时段的机组停机，使得火电机组的平均负荷率有所增加，提高了整个系统在夜间低谷负荷时的经济性。由算例可知，抽水蓄能机组装机容量为 100.15MW，为系统负荷最高值 2850MW 的 3.5％左右，抽水蓄能机组参与优化后，系统总发电成本由 501.01MJ 降低至 495.83MJ，降低约 1.03％。

## 5.5　技　术　特　点

（1）大规模间歇式能源并网后，针对间歇式能源出力的波动性和随机性，提出了间歇式能源机组与常规水火电机组协调优化方法，优先但并不强制消纳间歇式能源，在新能源功率预测出力基础上，增加虚拟弃风/弃光成本，控制新能源机组弃风/弃光顺序及弃风/弃光比例，有效地减轻间歇式能源并网对电网的影响，保障电力系统的安全稳定运行，提高电网消纳大规模间歇式能源的能力，保证风电等间歇式能源调度安全和可再生能源充分利用。

（2）利用抽水蓄能机组的储能作用进行削峰填谷，与间歇式能源机组统一优化，增加了间歇式能源消纳量，避免风能/光能资源的浪费。抵消间歇式能源随机性、波动性及反调峰特性对电网安全稳定运行造成的影响，改善系统负荷的峰谷特性，降低常规火电机组参与启停调峰的次数，提高火电机组节煤减排效益。

# 6 日内间歇式能源与常规能源
发电计划协调优化

# 6.1 日内发电计划概述

与日前发电计划编制功能相似，日内间歇式能源与常规能源协调优化发电计划编制功能根据超短期新能源功率预测和负荷预测及计划信息，在当前电网运行状态基础上，综合考虑系统负荷平衡约束、电网安全约束和机组运行约束，采用考虑安全约束的优化算法，滚动编制未来多时段发电计划。日内发电计划的时段间隔为5min 或 15min，计划编制的时间范围为 15min 之后的未来 1h 或多个小时。

日内发电计划模块能够自动计算机组出力计划，但不对机组组合状态进行自动调整，只包括机组经济调度功能，并根据当前机组组合状态和系统负荷需求预测，在计算时间范围内自动评估是否满足系统旋转备用和调节备用要求。当不能满足备用要求时能够告警提示，允许人工调整机组组合计划。同时，日内发电计划模块能够跟踪实际系统的任意微小变化，滚动更新发电计划结果，确保发电计划的经济性，减少人为因素的负面干扰。此外，电网的某些突发故障以及拓扑变化能及时反馈至日内发电计划模块，其能在保证电网安全的前提下对发电计划进行快速调整，减轻了调度人员的工作量。

日内发电计划模块要求高收敛率、高容错性、高可靠性，计算结果合理、符合实际调度需求，避免错误、较大偏离实际调度情况的计划结果出现或无可用计划情况发生，这对于日内发电计划上线运行至关重要，也是优化计算是否满足实际生产调度要求的先决条件。

同时，在调度生产中，日内发电计划编制主要以计划为主，优化调整机组出力后交给实时控制环节，作为 AGC 机组的控制目标或者基点功率。在 AGC 中由调度人员根据经验进行机组控制模式的设置，选择一部分机组用于跟踪日内发电计划，另一部分机组自动参与区域控制偏差（Area Control Error，ACE）的调整。目前日内发电计划编制与 AGC 之间的协调相对简单，二者之间缺乏紧密结合，迫切需要在日内发电计划基础上，建立日内发电计划与 AGC 整体协调的闭环控制框架，通过发电控制环节的前移，提高日内发电计划的执行效率，降低实时调度的控制风险。

## 6.2 日内发电计划模型

### 6.2.1 计及机组出力调整的日内计划协调优化模型

间歇式能源与常规能源协调优化的日内发电计划优化的本质在于最大接纳间歇式能源的前提下，日前发电计划与超短期新能源功率预测、超短期系统负荷预测之间的功率偏差在承担该偏差的机组间是如何分配的，目前常用的做法是引入机组偏差调整成本，以在保证电网安全的前提下，参与偏差分配的机组的出力调整量最小。

为进一步提高系统的灵活性，本书对机组出力调整的正偏差和负偏差分别进行建模，以实现机组对于正偏差和负偏差的不同分配要求。据此，可建立如下日内发电计划模型。

机组出力调整约束为

$$p_{i,t} = P_{i,t}^0 + p_{i,t}^+ - p_{i,t}^- \tag{6-1}$$

式中：$p_{i,t}$ 为机组 $i$ 在 $t$ 时刻调整后的出力；$P_{i,t}^0$ 为机组 $i$ 在 $t$ 时刻的预设出力；$p_{i,t}^+$ 为机组 $i$ 在 $t$ 时刻的正调整量；$p_{i,t}^-$ 为机组 $i$ 在 $t$ 时刻的负调整量。

机组出力上下限约束为

$$P_{i,\min} u_{i,t} \leqslant p_{i,t} \leqslant P_{i,\max} u_{i,t} \tag{6-2}$$

式中：$P_{i,\min}$ 与 $P_{i,\max}$ 分别为机组 $i$ 的出力下限与上限；$u_{i,t}$ 为 0/1 量，表示机组开停状态。

机组正、负偏差最大调整量约束为

$$P_{i,t,\max}^+ = P_{i,\max} - P_{i,t}^0 \tag{6-3}$$

$$P_{i,t,\max}^- = P_{i,t}^0 - P_{i,\min} \tag{6-4}$$

在进行机组出力调整时，也需要考虑机组爬坡/滑坡率约束，即

$$p_{i,t} - p_{i,t-1} \leqslant R_i^u (1 - y_{i,t}) + P_{i,\max} y_{i,t} \tag{6-5}$$

$$p_{i,t-1} - p_{i,t} \leqslant R_i^d (1 - z_{i,t}) + P_{i,\max} z_{i,t} \tag{6-6}$$

式中：$R_i^u$ 与 $R_i^d$ 分别为机组 $i$ 的爬坡率和滑坡率；$y_{i,t}$ 为 0/1 变量，表示机组 $i$ 在 $t$ 时刻是否开机（由停机变开机）；$z_{i,t}$ 为 0/1 变量，表示机组 $i$ 在 $t$ 时刻是否停机（由开机变停机）。

日内发电计划优化的本质在于功率偏差如何公平合理的分配给各台机组，而要控制功率偏差由特定机组承担的比例，只需设置相应的机组偏差调整成本即可。若要改变机组出力调整原则，只需设置不同的机组偏差调整成本参数即可。

为便于偏差的控制分配策略，可引入机组偏差调整量的分段调整成本，如图 6-1 所示，随着变化量的增加，调整成本也会增加。

采用分段递增调整成本后，随着机组出力变化量的增加，调整成本快速增大，如图 6-2 所示。通过对各机组在各偏差段调整成本的控制，可以达到不同的偏差分配效果。

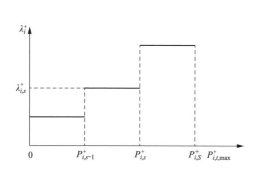 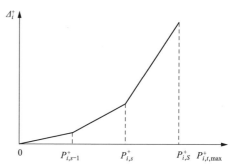

图 6-1　机组出力正偏差调整的分段调整成本　　图 6-2　机组出力正偏差调整的分段调整成本函数

对 $p_{i,t,\max}^{+}$ 进行分段，并设置每段上的微增调整成本，由此得到正偏差调整成本为

$$\Delta_{i,t}^{+} = \sum_{s=1}^{S} \lambda_{i,s}^{+} \cdot \delta_{i,t,s}^{+} \tag{6-7}$$

式中：$S$ 为分段函数总段数；$\delta_{i,t,s}^{+}$ 为机组 $i$ 在 $t$ 时刻在分段函数第 $s$ 段上的变化量，为非负值；$\lambda_{i,s}^{+}$ 为机组 $i$ 在其分段函数第 $s$ 段的调整成本。

机组出力变化量采用分段累加表达，即

$$p_{i,t}^{+} = \sum_{s=1}^{S} \delta_{i,t,s}^{+} \tag{6-8}$$

$$0 \leqslant \delta_{i,s,t}^{+} \leqslant P_{i,s}^{+} - P_{i,s-1}^{+} \tag{6-9}$$

式中：$P_{i,s}^{+}$ 为分段函数中各分段区间的终点功率。

与对正偏差的建模方法类似，可以得到负偏差调整成本以及负偏差量分别为

$$\Delta_{i,t}^{-} = \sum_{s=1}^{S} \lambda_{i,s}^{-} \cdot \delta_{i,t,s}^{-} \tag{6-10}$$

$$p_{i,t}^{-} = \sum_{s=1}^{S} \delta_{i,t,s}^{-} \tag{6-11}$$

$$0 \leqslant \delta_{i,s,t}^- \leqslant P_{i,s}^- - P_{i,s-1}^- \tag{6-12}$$

至此，可以得到机组 $i$ 在 $t$ 时刻的出力调整成本为

$$\Delta_{i,t} = \Delta_{i,t}^+ + \Delta_{i,t}^- \tag{6-13}$$

考虑间歇式能源消纳最大化目标后，间歇式能源与常规能源协调优化的日内发电计划模型优化目标为总调整成本及间歇式能源弃风、弃光损失成本最小，即

$$\min \sum_{t=1}^{T} \sum_{i=1}^{I} \Delta_{i,t} + \sum_{t=1}^{T} \sum_{w=1}^{W} \Delta_{w,t}$$

由式（6-7）与式（6-10）易知，随着机组出力调整量的增加，调整成本也相应增加，该模型可以控制各机组的出力调整幅度，通过设置不同机组间调整成本的相对大小，可以实现不同的调整效果，提高系统的节能降耗水平。

本书提出的日内发电计划模型对机组出力调整的正偏差和负偏差分别进行建模，因此可对正、负偏差实现不同的分配策略。例如，在按照发电成本调整模式下，对于价格低的机组，希望其多承担正偏差，少承担负偏差。要实现这一原则，可以将该机组的正偏差调整成本设置的较低，将负偏差的调整成本设置的较高，即可达到预期效果。

日内发电计划编制同样需要考虑系统负荷平衡、机组运行约束、新能源出力约束、安全约束等各类约束条件，这方面与 5.2 节一致，这里就不再赘述。

对于日内发电计划的收敛性和鲁棒性，可以增加网络越限松弛系数、系统平衡松弛系数等，保证日内计划在大多数情况下的可靠收敛。

## 6.2.2 日内发电计划可调容量动态转移

日内计划优化编制主要以短期计划为主，根据超短期负荷预测进行发电计划调整后交给 AGC 执行。由于日内计划周期与 AGC 控制周期重合且时间很短，二者的控制调整过程息息相关，控制对象相互影响。日内计划若未充分考虑 AGC 调节性能的要求，将增大 AGC 控制压力，导致机组频繁调整，也会影响日内计划的执行效果。

此外，为实现任意时刻电能的供需平衡，系统中必须留有一定的 AGC 机组可调容量用以补偿各种随机事件引起的发电与负荷之间的实时偏差。但由于不同的 AGC 机组响应速率不一，从经济性和安全性的角度考虑，参与调整的机组也非多多益善。随着电网规模不断扩大，电网运行日益复杂，电网实时运行变化加大，电

网调峰调频压力日渐增大，不同类型、不同控制目标机组运行模式转换频繁，如何根据电网的不同实时运行状态，发挥有 AGC 调节能力的机组和无 AGC 调节能力机组的作用，组织各类机组实现控制角色和可调容量的优化调控，是提高电网实时计划控制质量的关键。

目前在实际运行过程中，AGC 与日内计划的协调控制方法还比较简单，常见的方法大多根据 AGC 机组的当前控制模式直接将实时计划作为控制目标下发，或者作为机组的基点功率。目前机组在实际 AGC 控制中采取的控制模式也主要依靠人工经验。二者之间缺乏紧密结合，因此迫切需要在日前发电计划基础上，建立日内发电计划与 AGC 整体协调的闭环控制框架，形成双向信息交互，形成日内发电计划优化与 AGC 整体协调控制，提高发电计划闭环控制的精准性和有效性，不断改善电网的供电质量。

### 6.2.2.1 可调容量动态转移技术路线

根据机组承担基本功率和承担调节的不同模式，AGC 机组存在多种控制模式，而在日内发电计划中，对机组并不进行类似的分类。为实现日内发电计划与 AGC 控制的一体化衔接，将参与优化调度的机组分为 AGC 机组、缓冲机组、计划机组。

（1）AGC 机组：该类机组具备 AGC 调节能力，承担调整功率，如 ATUOR 机组、SCHER 机组等。

（2）缓冲机组：该类机组具备 AGC 调节能力，但并未承担调节功率，只按照计划曲线承担基本功率，如 SCHEO 机组等。该类机组可转换为 AGC 机组。

（3）计划机组：该类机组不具备 AGC 调节能力，其出力由计划曲线决定，只承担基本功率。

计划机组和缓冲机组按照日内发电计划下发的出力曲线运行，AGC 机组按照自动发电控制的指令运行，缓冲机组可根据自动发电控制的指令进行模式切换，如图 6-3 所示。为便于叙述，将按照计划曲线运行的计划机组和缓冲机组统称为实时调度机组。

通过机组控制目标和约束条件的设置，将可调容量在实时调度机组和 AGC 机组之间以及 AGC 机组内部进行动态转移，实现可调容量的最优分布，保证在线控制具有更多优质调节资源。如图 6-4 所示，当 AGC 机组发生连续同向调节导致可调容量不足时，日内发电计划模块通过调整实时调度机组的出力计划，引导 AGC 机组的出力向相反方向回归，从而释放 AGC 机组的可调容量。

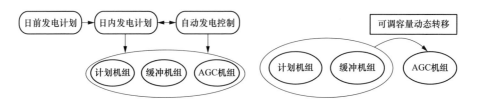

图 6-3 机组控制模式分类　　　　图 6-4 机组可调容量动态转移

若当前的 AGC 机组不满足系统可调容量需求，则日内发电计划模块在缓冲机组和 AGC 机组之间实现控制模式的动态转换，确定合适的 AGC 机组范围。如图 6-5 所示，当 AGC 机组可调容量不足时，日内发电计划模块会调整计划机组和缓冲机组的出力计划，将缓冲机组的基点

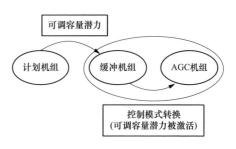

图 6-5 机组控制模式动态转换

功率调整至合适的水平，并将其控制模式转换为 AGC 机组，补充系统的可调容量水平。

### 6.2.2.2　可调容量动态转移模型

在日内发电计划模型的基础上，增加与 AGC 协调控制的数学模型。参与 AGC 调节的机组的容量上限和下限与其最大最小技术出力并不相同，在满足机组出力上下限约束的同时，还要增加机组 AGC 调节容量约束，即

$$p_{k,t} + r_{k,t}^{+} \leqslant P_{k,a\max} u_{k,t} \tag{6-14}$$

$$p_{k,t} - r_{k,t}^{-} \geqslant P_{k,a\min} u_{k,t} \tag{6-15}$$

式中：$k$ 为具备 AGC 调节能力的 AGC 机组和缓冲机组集合索引；$p_{k,t}$ 为机组 $k$ 在 $t$ 时段的出力；$r_{k,t}^{+}$ 与 $r_{k,t}^{-}$ 分别为机组 $k$ 在 $t$ 时段提供的 AGC 上调容量与下调容量；$P_{k,a\max}$ 与 $P_{k,a\min}$ 分别为机组 $k$ 的 AGC 调节容量上限与下限；$u_{k,t}$ 为 0/1 量，表示机组开停状态。

机组可调容量限值约束为

$$0 \leqslant r_{k,t}^{+} \leqslant (P_{k,a\max} - P_{k,a\min}) e_{k,t} \tag{6-16}$$

$$0 \leqslant r_{k,t}^{-} \leqslant (P_{Vk,a\max} - P_{k,a\min}) e_{k,t} \tag{6-17}$$

式中：$e_{k,t}$ 为 0/1 量，表示机组 $k$ 是否参与 AGC 调节（即对于 AGC 机组，$e_{k,t}=1$；对于缓冲机组，$e_{k,t}=0$）。

机组 AGC 调节速率约束为

$$r_{k,t}^+ \leqslant \tau v_k^+ \tag{6-18}$$

$$r_{k,t}^- \leqslant \tau v_k^- \tag{6-19}$$

式中：$\tau$ 为给定允许的响应时间；$v_k^+$ 与 $v_k^-$ 分别为机组 $k$ 的上调速率和下调速率。根据 $\tau$ 值的不同，可以定义不同的备用，本书关注 5min 备用和 15min 备用。

系统 AGC 调节容量需求约束为

$$\sum_k r_{k,t}^+ \geqslant R_t^+ \tag{6-20}$$

$$\sum_k r_{k,t}^- \geqslant R_t^- \tag{6-21}$$

式中：$R_t^+$ 与 $R_t^-$ 分别为系统在 $t$ 时段所需的 AGC 上调容量与下调容量。

系统负荷平衡约束为

$$\sum_i p_{i,t} = L_t \tag{6-22}$$

式中：$i$ 为参与调度的全部机组集合索引；$L_t$ 为系统在 $t$ 时段的负荷需求。

当 AGC 机组出力达到其可调出力上限或下限导致系统可调容量不足时，日内发电计划模块可以调整实时调度机组的出力计划。由式（6-23）可知，为保证系统负荷平衡，AGC 机组的出力必然会向相反方向调整，引导 AGC 机组出力向其调节区间的中间位置靠拢，释放 AGC 机组的可调容量，达到机组可调容量动态转移的效果。

日内发电计划模块要尽量采用可调容量动态转移方式，通过调整实时调度机组的出力使得 AGC 机组可调容量满足系统需求，尽量避免通过机组控制模式转换增加 AGC 机组数量来增加可调容量，为此，引入惩罚项

$$\Delta_{k,t} = \lambda_k e_{k,t} \tag{6-23}$$

式中：$\lambda_k$ 为机组 $k$ 的控制模式转换惩罚系数。在实际运行中，可根据需要将希望优先转换为 AGC 机组的惩罚系数设置的较小。

同时，当前 AGC 机组要提供尽量大的上调容量和下调容量，即 $\sum_t \sum_k (r_{k,t}^+ + r_{k,t}^-)$。

在日内发电计划的目标函数中，加入控制模式转换惩罚成本项以及上调容量和下调容量相关项，目标函数为

$$\min O_r + \sum_t \sum_k [\Delta_{k,t} - (r_{k,t}^+ + r_{k,t}^-)],$$

式中：$O_r$ 为原日内发电计划模型的目标函数。

## 6.3 日内间歇式能源与常规能源协调优化发电计划流程

日内间歇式能源与常规能源发电计划协调优化主要流程如图 6-6 所示，说明如下：

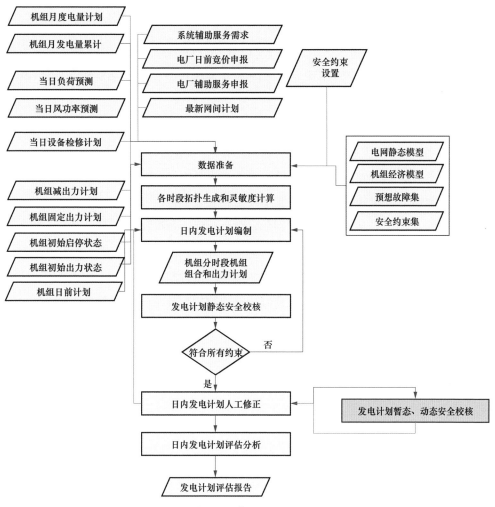

图 6-6 日内间歇式能源与常规能源协调优化发电计划流程

（1）从日前负荷预测系统获取未来选定时间范围内各时段的最新系统负荷需求预测、母线负荷需求预测、风功率预测，并获取相应网间交换计划、辅助服务需求和设备（主要是机组、线路和变压器等）检修计划。此外，获取机组月度电量计划和月度已完成发电量累计、电厂日前申报、机组初始启停状态、机组初始出力计划、机组减出力计划和机组固定出力计划等数据。

（2）获取用于日内发电计划编制的网络断面，并根据设备检修计划，自动生成各时段网络拓扑。

（3）根据网络模型注册信息，自动生成各计算时段机组安全约束条件、电网安全约束条件、燃料库存约束条件、环保约束条件，计算目标最优的日内机组组合（如果时间范围很短，则不安排机组启停）、机组出力和辅助服务安排。

（4）对步骤（3）形成的机组日内发电计划进行安全校核，包括基态安全校核分析、$N-1$ 安全校核分析和预定义故障集安全校核分析，如果发现有新的越限，则回到步骤（3）计算。

（5）安全校核通过后，形成符合电网安全约束要求的机组日内发电计划。可以人工调整各发电机组的日内计划，并提供各种灵活辅助调节手段。

（6）被调整机组发电计划固定后，重新进入日内发电计划优化编制，计算剩余机组发电计划，并对调节计划进行安全校核，直至满足所有约束条件。

（7）为进一步提高日内发电计划的安全校核强度和可执行能力，将人工调节并通过校核的日内发电计划发送到暂态安全校核和动态安全校核系统，对发电计划进行暂态和动态安全校核。此时安全校核的结果不再自动进入日内发电计划编制，而由使用人员根据校核结果修正日内发电计划编制的约束条件，并决定是否重新进行日内发电计划编制。

（8）对日内发电计划进行评估分析，比对分析多个计划方案的机组总发电量变化、机组各时段电量分配比例变化、机组收益变化、全网购电费用变化、节能减排效果等指标。

## 6.4 间歇式能源日前日内协调优化

不同周期发电计划的时间范围不同，周期越长，对生产的指导性越强，但预测的精度越差，对电网控制的参考越弱；周期越短，则对电网运行的预测精度越高，对电网控制的参考越强，但对未来的生产安排指导越差。调度周期由长及短是对发电计划逐步精化的过程，长周期发电计划是短周期的发电计划编制的重要依据，短周期发电计划是长周期发电计划的修正和执行。

不同周期发电计划并行进行，共同合成向电厂发布的执行计划，执行计划的不同时间范围，来自不同周期的发电计划。日前、日内发电计划和自动发电控制的协调运作如图 6-7 所示。

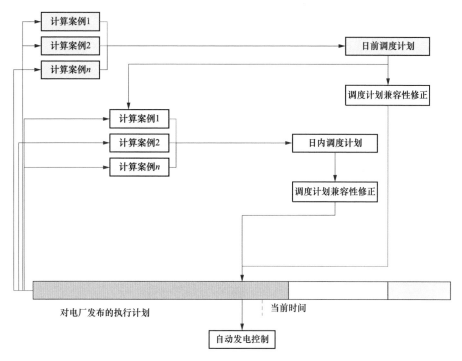

图 6-7　不同周期发电计划协调关系

不同周期发电计划间的兼容是指各周期发电计划具有相似的优化目标，考虑相似的约束条件。短周期发电计划是根据最新电网运行信息和预测信息，对长周期发电计划进行进一步精化。因此，不同周期发电计划的目标相容、约束相容，以及长周期发电计划在短周期发电计划中的应用，是保障不同周期计划检修的基础。此外，不同周期发电计划的兼容性修正还需要充分考虑电网运行方式的变化，与电网实际运行状态相容，以及不同周期发电计划衔接时段的速率约束检查等。如果不同周期的目标和约束不相容，则失去了不同周期间计划的指导作用。

## 6.5　算　例　分　析

以华北京津唐电网某日日前计划数据构造算例，对建立的模型进行验证分析。

该系统包括 170 台建模发电机组，总装机容量 48047MW，共 30 个安全约束断面。优化周期为未来 3h，每 15min 为一时段。选取 10～13 时负荷水平较高的时段进行优化。优化周期内的日前短期系统负荷预测曲线与超短期负荷预测曲线如图 6-8 所示，系统超短期与短期负荷预测之间的功率偏差如图 6-9 所示。

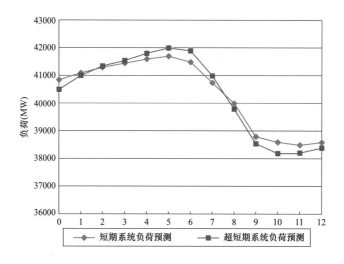

图 6-8　短期与超短期系统负荷预测曲线

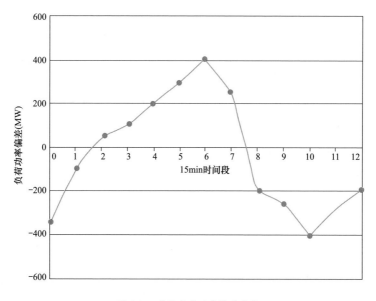

图 6-9　系统负荷功率偏差曲线

由图 6-8 可知，系统功率正偏差最大为 407MW，发生在第 6 时段；最大负偏差为 −402MW，发生在第 10 时段。

## 6.5.1 日内发电计划调整结果分析

为直观观察本项目提出的日内发电计划模型在处理系统功率正偏差和负偏差的效果，本算例暂时忽略网络安全约束，进行日内发电计划编制。计算结果见表 6-1。

表 6-1　　　　　　　　　　　日内发电计划计算结果

| | |
|---|---|
| 系统功率正偏差时段数 | 6 |
| 系统功率负偏差时段数 | 6 |
| 系统最大功率正偏差 （MW） | 407 |
| 系统最大功率负偏差 （MW） | −402 |
| 参与偏差调整机组数 （台） | 22 |
| 机组最大正调整量 （MW） | 30 |
| 机组最大负调整量 （MW） | −37 |

为更清晰地展示日内发电计划的计算结果，选取 3 台典型容量的机组，3 台机组的容量分别为 600、300MW 和 180MW，机组发电平均成本之比为 6∶7∶8。比较每台机组日内发电计划曲线与日前发电计划曲线，如图 6-10～图 6-12 所示。

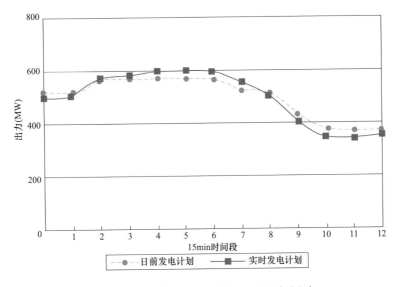

图 6-10　600MW 机组 A 日前与日内发电计划曲线

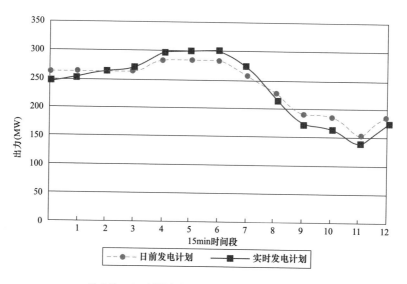

图 6-11　300MW 机组 B 日前与日内发电计划曲线

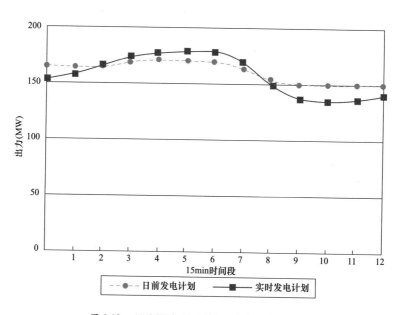

图 6-12　180MW 机 C 日前与日内发电计划曲线

由图 6-8～图 6-11 可知，当系统超短期负荷预测与日前发电计划产生功率偏差时，系统内事先指定参与调整的机组出力随之调整，弥补系统功率偏差。

在参与系统偏差分配时，成本低、容量大的高效率机组会更多的承担系统正偏差，优先增加出力；对于系统负偏差，需要机组降出力时，则优先由成本高、容量小的机组来承担。3 台机组承担的正、负偏差电量如表 6-2 所示，同时为更清晰的比较各机组承担偏差电量的比例关系，以机组 C 为基准值，计算出各机组统计信息的标幺值。

表 6-2                                                 调整机组统计信息

| 机组名称 | 机组容量（MW） | | 正偏差电量（MWh） | | 负偏差电量（MWh） | |
|---|---|---|---|---|---|---|
| | 有名值 | 标幺值 | 有名值 | 标幺值 | 有名值 | 标幺值 |
| A | 600 | 3.33 | 145.15 | 3.96 | −174.45 | 2.50 |
| B | 300 | 1.67 | 66.22 | 1.81 | −101.76 | 1.46 |
| C | 180 | 1 | 36.63 | 1 | −69.78 | 1 |

由表 6-2 可知，3 台机组容量之比为 3.33∶1.67∶1，但由于机组成本的差异，三台机组对于系统正偏差的分配之比为 3.96∶1.81∶1，机组 A 承担的正偏差比例大于其容量比例，表明系统功率正偏差优先由机组 A 承担。3 台机组对于系统负偏差的分配之比为 2.50∶1.46∶1，机组 A 承担的负偏差比例小于其容量比例，表明系统功率负偏差优先由机组 C 承担。

## 6.5.2 考虑网络安全约束的日内发电计划分析

在上节算例基础上，考虑系统中 30 个安全约束断面的影响，进行日内发电计划编制。得到的发电计划的发电煤耗为 27917285.62kg，较不考虑网络安全约束，煤耗水平上升了 0.92%。

经过对机组出力情况的分析可知，网络安全原因导致某些低成本机组出力受限，使得系统功率正偏差由某些成本较高的机组承担，这会在一定程度上增加系统的发电煤耗。

## 6.5.3 滚动日内发电计划的工程应用

在实际运行中，日内发电计划模块每隔 15min 运行一次，将得到的优化结果以覆盖的形式进行存储，日内发电计划结果滚动更新，保证机组下一时段将执行的计划总是根据系统当前运行状态与最新的预测结果计算得到的。当机组发生跳机故障或强迫减出力时，则该机组不再追踪日前发电曲线，而是根据调度员重设的减出力曲线进行跟踪，或者直接进行切机处理。由于机组可靠性原因导致的功率缺额也作为系统功率偏差的一部分，由其他机组承担。

图 6-13 是某日某典型机组的日前发电计划曲线、日内发电计划滚动更新曲线与机组实测出力曲线的对比情况。

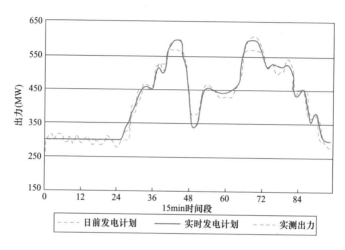

图 6-13　某典型机组出力曲线对比

## 6.6　技　术　特　点

日内发电计划在日前发电计划的基础上，以一定的周期进行滚动优化，根据系统最新的状态信息对发电计划结果进行滚动更新，具有以下技术特点。

（1）建立日内间歇式能源与常规能源滚动协调优化调度模型，基于安全约束经济调度（SCED）模型，通过引入机组偏差调整成本，将日前发电计划与超短期新能源功率预测、超短期系统负荷预测之间的功率偏差在承担该偏差的机组分配的，使得在保证电网安全的前提下，参与偏差分配的机组的出力调整量最小。

（2）通过分析系统调节备用水平和机组控制模式切换的原则依据，根据不同工况下调节备用需求变化，通过调节不同控制模式机组群间的出力分布和控制模式的切换，实现可调容量得动态转移，既保证在线控制具有充足的可调能力，满足实时调度要求，又实现对资源的有效利用，更合理发挥不同控制模式机组的作用。

（3）日前与日内发电计划的滚动协调调度，通过实现日内滚动计划和日前计划的有机结合和协调运作，充分发挥各周期调度计划的作用。日内发电计划编制根据最新的电网运行方式变化、机组运行状态变化和超短期负荷预测，参照日前发电计划，编制未来 1h 至数小时的机组发电计划，起到衔接日前计划和实时计划的作用。当电网出现较大的运行方式改变时，日前发电计划已不可行，必须根据最新的约束条件变化，考虑当前的运行状况，从当前时段到调度周期结束的全过程，重新进行日内计划安全经济调度的优化计算。

# 7 间歇式能源接入辅助分析

间歇式能源与常规能源的日前日内协调优化调度，提升了电网接纳风电等间歇式能源的能力，但由于电网安全的限制，电网不能无限制的接纳间歇式能源，在风电、光伏大规模接入地区，由于本地消纳能力和外送通道的限制，部分时段弃风、弃光难以完全避免。并且由于风电、光伏的间歇性和波动性，其可靠性无法与常规能源相比，短期新能源功率预测系统目前尚不能提供非常精确的新能源功率预测数据，因此风电等间歇式能源的实际运行与日前计划存在一定的偏差，同时新能源的大规模集中接入增加了电网运行的不确定性，为电网安全运行带来了一系列潜在风险。因此，在日前计划的基础上，研究提高间歇能源接入的有效途径和间歇式能源接入的潜在风险，对提高间歇式能源的消纳水平、提前准备预防间歇式能源接入的潜在风险有重要的意义。

间歇式能源接入辅助分析在间歇式能源和常规能源日前协调优化发电计划的基础上，按照日前机组组合计划、最新超短期新能源功率预测数据和电网实际运行状态，评估新能源汇集地区电网最大接纳新能源能力；根据新能源历史数据的波动性统计分析结果，评估电网日前计划对新能源波动性的敏感性和相容性，分析新能源出力波动性对电网安全的潜在风险；通过改变电网日前计划运行条件，研究提高新能源消纳能力的方法。

## 7.1 间歇式能源接入最大分析

在电力系统短期调度领域，为了保证间歇式能源并网后电网调度运行的安全性，调度运行人员需要根据电网运行的实际情况，获得电网在当前条件下接纳间歇式能源的能力，为下一步的短期计划编制与调度运行提供参考；同时，各地出现的不同程度的风电限电现象，也引发了对电网接纳间歇式能源能力的探讨。因此，新能源调度领域迫切需要一种有效的评估方法，以获取电网的新能源最大接纳能力。

大规模具有随机性、间歇性甚至反调峰特性的新能源接入电网，而国内各新能源电场提供的新能源出力预测仍存在一定的误差，短期内难以实现预测精度的大幅提升，同时部分新能源机组和新能源电场出力尚不具备在线控制调节功能，电网中除新能源以外的其他电源的出力，不仅随负荷变化进行调节，还须为适应新能源出力变化进行调节。随着电网新能源装机容量的增大，新能源出力波动对电网的影响也日益加大。因此，需要从电网影响因素和风电自身因素两个方面分析电网的最大接纳能力，如图 7-1 所示。

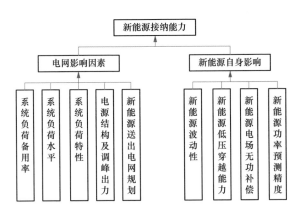

图 7-1 新能源接纳能力影响因素

电网影响因素主要包括以下几个方面：

（1）电网的负荷水平与负荷特性。电网的负荷水平和峰谷差率直接决定了新能源允许接入的容量。

（2）电源结构。目前国内风电、光伏新能源富集地区的电源结构大都以煤电为主，供热机组占比很高，这样的电源结构不利于大规模新能源接入。

（3）调峰能力。电网的调峰能力和最小开机出力约束了并网新能源的规模。

风电、光伏等间歇式新能源自身影响因素主要体现为新能源运行特性和新能源技术装备水平。若新能源电场装设了新能源功率预测系统，并不断提高其预测精度，同时若能在线调控新能源电场的有功出力，且出力绝对值及出力变化率能有效控制，则将有利于电力调度对电网中其他电源开机方式的合理安排，可以大幅度提高电网接纳风电的能力。

本书结合电力系统运行特性与国内调度运行实际，基于 SCED 技术，实现新能源汇集地区新能源最大接纳能力分析。

## 7.1.1 确定新能源最大接入分析区域

中国风电、光伏等间歇式新能源的开发模式主要是"集中开发，远距离输送"的方式，各新能源汇集地区的新能源消纳能力主要受本地区电网外送通道输送能力的约束，不同新能源集中地区之间最大消纳新能源能力的关联系相对较弱，因此，分析每个新能源汇集地区新能源最大接入能力，对下一步的短期计划编制与调度运行有重要的参考价值。

间歇式能源最大接入分析评估每个间歇式新能源集中接入地区未来一段时间内消纳新能源最大的能力，根据电网拓扑结构确定分析的区域对象。

## 7.1.2 间歇式能源最大接入分析优化目标

在满足约束条件的基础上，使在未来一天或者未来部分时间中间歇式新能源电量的接纳能力最大，目标函数为 $\max \sum\limits_{g \in G_w} \sum\limits_{t \in N_T} p_w(g, t)$

式中：$G_w$ 为评估区域新能源电场集合；$N_T$ 为评估时段；$p_w(g, t)$ 为新能源电场 $g$ 在 $t$ 时段的最大接纳能力。

## 7.1.3 间歇式能源最大接入分析约束条件

约束条件包括系统平衡约束、机组运行约束、电网安全约束、实用化约束。实用化约束为考虑实际电网调度运行时，依据电网运行的特点，可选择配置的约束条件。这类条件基于电网和机组运行的要求设置。

### 7.1.3.1 系统平衡约束

间歇式能源最大接入分析考虑的系统平衡约束包括负荷平衡、旋转备用约束、调节（AGC）备用等约束。

负荷平衡表示为

$$\sum_{g \in G_T} p(g, t) + \sum_{g \in G_W} p_w(g, t) + \sum_{g \in G_L} p_l(g, t) = D(t) \tag{7-1}$$

式中：$D(t)$ 为 $t$ 时的系统发电口径净负荷，该负荷根据实际情况，事先根据"网损修正""厂用电修正"，将原始负荷预测数据换算为"调管区域的发电负荷预测"；$G_T$ 为常规机组集合；$G_W$ 为新能源电场集合；$G_L$ 为联络线集合；$p(g, t)$ 为常规机组在时段 $t$ 的出力；$p_w(g, t)$ 为新能源机组在时段 $t$ 的出力；$p_l(g, t)$ 为联络线在时段 $t$ 的有功值。

旋转备用约束为

$$\sum_{g \in G_T} \bar{r}(g, t) \geqslant \bar{p}_r(t) \tag{7-2}$$

$$\sum_{g \in G_T} \underline{r}(g, t) \geqslant \underline{p}_r(t) \tag{7-3}$$

式中：$\bar{r}(g,t)$ 为常规机组 $g$ 在 $t$ 时段提供的上旋转备用；$\bar{p}_r(t)$ 为系统在 $t$ 时段的上旋转备用需求；$\underline{r}(g,t)$ 为常规机组 $g$ 在 $t$ 时段提供的下旋转备用；$\underline{p}_r(t)$ 为系统在 $t$ 时段的下旋转备用需求。

调节（AGC）备用约束为

$$\sum_{g \in G_T} \bar{r}'(g,t) \geqslant \bar{p}_r'(t) \tag{7-4}$$

$$\sum_{g \in G_T} \underline{r}'(g,t) \geqslant \underline{p}_r'(t) \tag{7-5}$$

式中：$\bar{r}'(g,t)$ 为常规机组 $g$ 在 $t$ 时段提供的 AGC 上调备用；$\bar{p}_r'(t)$ 为系统在 $t$ 时段的 AGC 上调备用需求；$\underline{r}'(g,t)$ 为常规机组 $g$ 在 $t$ 时段提供的 AGC 下调备用；$\underline{p}_r'(t)$ 为系统在 $t$ 时段的 AGC 下调备用需求。

### 7.1.3.2 机组运行约束

间歇式能源最大接入分析考虑的机组运行约束包括发电机组输出功率上下限约束、机组加、减负荷速率约束。

发电机组输出功率上、下限约束为

$$\underline{p_g} \leqslant p(g,t) + r(g,t) \leqslant \overline{p_g} \tag{7-6}$$

式中：$\overline{p_g}$ 和 $\underline{p_g}$ 分别表示常规机组输出功率的上、下限。

机组加、减负荷速率约束为

$$-\Delta_g \leqslant p(g,t) - p(g,t-1) \leqslant \Delta_g \tag{7-7}$$

式中：$\Delta_g$ 为常规机组 $g$ 每时段爬坡速率的最大值。

### 7.1.3.3 电网安全约束

间歇式能源最大接入分析考虑的电网安全约束包括支路潮流约束和联络线断面潮流约束。

支路潮流约束为

$$\underline{p_{ij}} \leqslant p_{ij}(t) \leqslant \overline{p_{ij}} \tag{7-8}$$

式中：$p_{ij}$、$\underline{p_{ij}}$、$\overline{p_{ij}}$ 分别表示支路 $ij$ 的潮流功率及正反向限值。

联络线断面潮流约束为

$$\underline{P_{ij}} \leqslant P_{ij}(t) \leqslant \overline{P_{ij}} \tag{7-9}$$

式中：$P_{ij}$、$\underline{P_{ij}}$、$\overline{P_{ij}}$ 分别表示联络线断面 $ij$ 的潮流功率及正反向限值。

### 7.1.3.4 实用化约束

间歇式能源最大接入分析考虑的"实用化约束"为考虑实际电网调度运行时，

依据电网运行的特点，可选择配置的约束条件。这类条件基于电网和机组运行的要求设置，一般包括机组固定出力、机组调节备用、机组旋转备用、分区出力约束、分区备用约束。

（1）机组固定出力。机组在特定时段内按照给定的发电计划运行，在此特定时段内该机组不参与经济调度计算，即

$$p(g,t)=P(g,t) \tag{7-10}$$

式中：$P(g，t)$ 表示机组 $g$ 在时段 $t$ 的出力设定值。

（2）机组调节备用（AGC 备用）为

$$\overline{r_i'(t)} \geqslant \overline{r_i^g} \tag{7-11}$$

$$\underline{r_i'(t)} \geqslant \underline{r_i^g} \tag{7-12}$$

式中：$\overline{r_i'(t)}$ 为机组 $i$ 在 $t$ 时提供的 AGC 上调备用；$\underline{r_i'(t)}$ 为机组 $i$ 在 $t$ 时提供的 AGC 下调备用；

（3）机组旋转备用为

$$\overline{r_i'(t)} \geqslant \overline{r_i^g} \tag{7-13}$$

$$\underline{r_i'(t)} \geqslant \underline{r_i^g} \tag{7-14}$$

式中：$\overline{r_i'(t)}$ 为机组 $i$ 在 $t$ 时提供的旋转上调备用；$\underline{r_i'(t)}$ 为机组 $i$ 在 $t$ 时提供的旋转下调备用。

（4）分区出力约束为

$$\overline{P_v(t)} \geqslant \sum_{i \in Av} p(i,t) \geqslant \underline{P_v(t)} \tag{7-15}$$

式中：$A_v$ 表示分区；$\underline{P_v(t)}$、$\overline{P_v(t)}$ 表示分区出力下限和上限。

（5）分区备用约束为

$$\sum_{i \in A_r} r_i(t) \geqslant \underline{R_{A_r}} \tag{7-16}$$

$$\sum_{i \in A_r} r_i'(t) \geqslant \underline{R_{A_r}'} \tag{7-17}$$

式中：$A_r$ 表示备用分区，$\underline{R_{A_r}}$、$\underline{R_{A_r}'}$ 表示分区上备用和下备用。

### 7.1.3.5 经营性约束

经营性约束为特定调度模式下、特定自然条件或社会条件下需要考虑的约束条件，这些条件依据不同场合的实际情况而定，一般包括燃料约束、电量约束、环保排放约束。

（1）燃料约束为

$$\sum_{i \in I} \sum_{t=1}^{T} F[p(i,t)] \leqslant F(T) \qquad (7\text{-}18)$$

式中：$F[p(i,t)]$ 表示机组 $i$ 的燃料消耗特性函数；$I$ 表示电厂；$F(T)$ 表示调度周期 $T$ 的燃料约束。

（2）电量约束为

$$\underline{H(T)} \leqslant \sum_{i \in I} \sum_{t=1}^{T} p(i,t) \leqslant H(T) \qquad (7\text{-}19)$$

式中：$I$ 表示电厂；$\underline{H(T)}$、$H(T)$ 表示调度周期 $T$ 的总电量下限和上限约束。

（3）环保排放约束为

$$\sum_{i \in I} \sum_{t=1}^{T} E[p(i,t)] \leqslant E(T) \qquad (7\text{-}20)$$

式中：$E[p(i,t)]$ 表示机组 $i$ 的环保排放函数，用平均系数表示；$I$ 表示电厂；$E(T)$ 表示调度周期 $T$ 的排放约束。

### 7.1.3.6 机组群约束

按照一定规则，对优化机组进行分类分组，并将每一组机组定义为一个机组群，并以机组群为单位进行约束管理，一般包括电量约束、电力约束、调节备用约束、旋转备用约束。

（1）电量约束为

$$\underline{H(T)} \leqslant \sum_{i \in I} \sum_{t=1}^{T} p(i,t) \leqslant H(T) \qquad (7\text{-}21)$$

式中：$I$ 表示机组群；$\underline{H(T)}$、$H(T)$ 表示调度周期 $T$ 的总电量下限和上限约束。

（2）电力约束为

$$\underline{H(t)} \leqslant \sum_{i \in I} p(i,t) \leqslant H(t) \qquad (7\text{-}22)$$

式中：$I$ 表示机组群；$\underline{H(t)}$、$H(t)$ 表示机组出力下限和上限约束。

（3）调节备用（AGC）约束为

$$\sum_{i \in I} r_i(t) \geqslant H(t) \qquad (7\text{-}23)$$

$$\sum_{i \in I} r_i{}'(t) \geqslant H'(t) \qquad (7\text{-}24)$$

式中：$I$ 表示机组群；$H(t)$、$H'(t)$ 表示上调节备用和下调节备用约束。

（4）旋转备用约束为

$$\sum_{i \in I} r_i(t) \geqslant H_r(t) \tag{7-25}$$

$$\sum_{i \in I} r_i'(t) \geqslant H_r'(t) \tag{7-26}$$

式中：$I$ 表示机组群；$H_r(t)$、$H_r'(t)$ 表示上旋转备用和下旋转备用约束。

## 7.1.4　间歇式能源最大接入分析流程

间歇式能源最大接入分析的主要流程如图 7-2 所示，这一流程用来分析每个间歇式新能源汇集地区的最大接纳新能源能力。

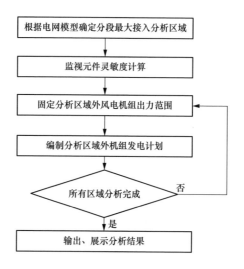

图 7-2　间歇式能源最大接入分析

间歇式能源最大接入分析的主要流程为：

（1）确定间歇式能源最大接入分析区域对象。根据电网拓扑模型和新能源电场位置，确定间歇式能源最大接入分析对象。

（2）调用静态安全校核灵敏度服务模块计算监视元件灵敏度数据。

（3）对每一个新能源接入最大分析区域，根据新能源功率预测数据，固定分析区域外新能源出力范围，分析区域内新能源出力可调；按间歇式能源最大接入分析算法求解分析区域最大新能源消纳电量和最大接纳曲线。

（4）依次对每个分析区域重复步骤（3）。

（5）输出、展示每个分析区域的最大新能源接纳电量和最大接纳曲线。

## 7.1.5 间歇式能源最大接入分析结果

以某日华北电网日前发电计划为例，该日主要新能源汇集地区冀北及冀北下属的两个主要风电基地——张家口和承德地区的风电装机容量、风功率预测出力和最大接入分析结果如图7-3～图7-5所示。

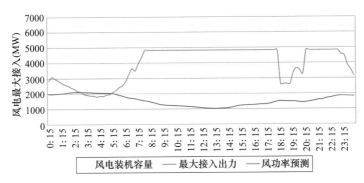

图 7-3　冀北风电最大接入分析结果

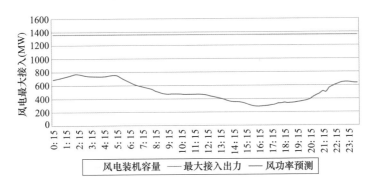

图 7-4　承德风电最大接入分析结果

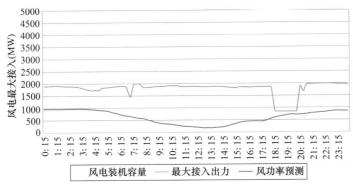

图 7-5　张家口风电最大接入分析结果

## 7.2 间歇式能源接入相容性分析

### 7.2.1 间歇式能源接入相容性分析概述

因为风电等间歇式能源出力的波动性和间歇性，短期新能源功率预测难以精确预测未来的新能源出力，因此新能源实际出力与预测出力之间存在一定范围的偏差，尽管在日前计划编制过程中已经从备用需求和网络安全方面考虑了预测偏差对电网备用需求和网络安全的影响，但不能充分评估新能源的出力波动对备用需求和电网安全构成的潜在风险。

间歇式能源接入相容性分析的目的是判断日前机组组合是否满足新能源波动情况下全接纳需求，通过评估日前机组组合计划中新能源出力上下波动范围，为新能源调度安全运行提前预警。间歇式能源相容性分析以日前发电计划优化结果为基础，根据新能源出力极端波动区间，分析日前发电计划结果的可靠性和安全性，确定新能源出力最大安全波动范围。

间歇式能源接入后，其波动性和不确定性对电力系统安全稳定运行的影响主要表现在两个方面，一方面是系统预留旋转备用，另一方面是网络安全，因此，间歇式能源接入相容性分析方法分为间歇式能源相容性旋转备用分析方法和间歇式能源相容性网络安全分析方法。

根据电网运行经验和风电等间歇式能源的反调峰特性，对电网消纳间歇式能源不利的典型极端情况是间歇式能源出力低谷多发、高峰少发，因此峰谷时段作为间歇式能源相容性旋转备用分析方法的评估时段。

风电等间歇式能源出力上下波动，导致相应断面潮流上波动或者下波动，存在突破断面限额的风险，因此，间歇式能源接入相容性网络安全分析方法根据间歇式能源出力上波动和下波动两种情况分析间歇式能源上下波动范围，间歇式能源出力极端波动区间可以根据短期新能源功率预测和新能源历史运行数据以及可靠性指标计算得到。

间歇式能源接入相容性旋转备用分析方法在计划机组组合基础上，严格满足系统上下旋转备用，按间歇式能源低谷多发、高峰少发的极端情况进行分析，评估计划机组组合对间歇式能源出力波动的相容性，其流程如图 7-6 所示。

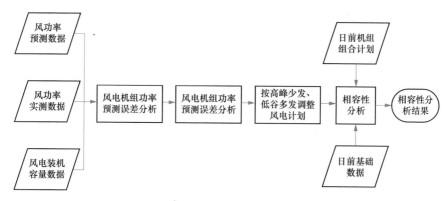

图 7-6　间歇式能源接入相容性旋转备用分析方法流程图

网络安全分析方法在计划机组组合基础上，严格满足电网安全约束，分别按照间歇式能源出力上波动和下波动两种情况，评估计划机组组合对间歇式能源出力波动的相容性，其流程如图 7-7 所示。

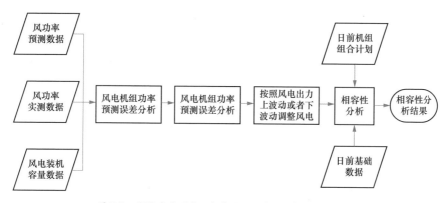

图 7-7　间歇式能源接入相容性网络安全分析方法流程图

## 7.2.2　相容性分析间歇式能源波动区间计算

间歇式能源出力波动区间分为单个机组和系统两个等级，两者计算方法相同，间歇式能源出力波动区间根据短期新能源功率预测数据和历史新能源实际出力来估算得到。很多研究和分析表明新能源功率预测值和实际值的偏差服从正态分布，基于此理论统计与计划日相似的历史时间范围内相容性分析各时段新能源输出功率预测总量和实际输出的误差。主要步骤如下：

（1）采用基于欧式距离的相似度比较方法对历史新能源功率预测数据进行统计分析，选出与计划日期较为相似的历史数据。

（2）把步骤（1）选出的与计划日相似的历史新能源数据进行时段聚类，将相似日各时段的输出功率序列进行改进的 K-means 聚类，得到计划日相似时段，然后对各个相似时段分别进行统计分析。

（3）统计每个时段预测出力偏差分布。对于相似时段 $T$，统计此时段出力偏差数据，得到偏差数据正态分布函数，利用极大似然估计法，计算偏差分布的期望和方差。

（4）根据历史偏差概率，在指定可靠性指标 $\alpha$ 下分析区域风电总出力各时段波动误差。

根据调度运行要求和新能源预测粒度，日前计划统计数据间隔为 15min，对每个时间点，新能源预测误差为实际出力与预测出力的差值。每个时间点风电出力误差的计算公式为

$$e_{\mathrm{wp},t} = P_{\mathrm{wp},t}^{\mathrm{fore}} - P_{\mathrm{wp},t}^{\mathrm{real}} \tag{7-27}$$

式中：$e_{\mathrm{wp},t}$ 为 $t$ 时刻新能源功率预测误差；$P_{\mathrm{wp},t}^{\mathrm{real}}$ 为 $t$ 时刻新能源实际有功；$P_{\mathrm{wp},t}^{\mathrm{fore}}$ 为 $t$ 时刻新能源预测有功功率。

若将一天分为若干个时段，统计每个时段预测出力偏差分布情况。对于时段 $T$，时间范围 $[t_{T0}, t_{TN}]$ 共 $N$ 个时间点（间隔为 15min），相似历史数据时间长度为 $M$ 天，则对于时段 $T$，共有 $M \cdot N$ 个出力偏差数据，利用极大似然估计法，可得到偏差分布的期望和方差。

误差的期望估计值为

$$\widetilde{\mu} = \frac{1}{M \cdot N} \cdot \sum_{i=1}^{M \cdot N} wp_{t,i}^{\mathrm{error}} \tag{7-28}$$

误差的方差估计值为

$$\widetilde{\sigma}^2 = \frac{1}{M \cdot N} \cdot \sum_{i=1}^{M \cdot N} (wp_{t,i}^{\mathrm{error}} - \widetilde{\mu})^2 \tag{7-29}$$

即可得到误差的正态分布函数

$$f(x) = \frac{1}{\sqrt{2\prod} \cdot \widetilde{\sigma}} e^{-\frac{(x-\widetilde{\mu})^2}{2\widetilde{\sigma}^2}} \ (\min(wp_{t,i}^{\mathrm{error}}) < x < \max(wp_{t,i}^{\mathrm{error}})) \tag{7-30}$$

给定一个可靠性指标 $\alpha$（概率值），即

$$F(Z) = \int_{-\infty}^{Z} (x)\mathrm{d}x = \alpha \tag{7-31}$$

求 $z$，方法为

$$F \ (Z) \ = \Phi\left(\frac{Z-\tilde{\mu}}{\tilde{\sigma}}\right) = \alpha \tag{7-32}$$

根据标准正态分布表可知当概率为 $\alpha$ 时，$\frac{Z-\tilde{\mu}}{\tilde{\sigma}} = s$，则 $z = s\tilde{\sigma} + \tilde{\mu}$，$z$ 即为时段 $T$ 分析区域新能源总出力的极端误差值。

## 7.2.3 间歇式能源接入相容性分析建模思想

间歇式能源接入相容性分析以日前发电计划优化结果为基础，进行间歇式能源出力安全波动范围分析，因此，间歇式能源接入相容性分析需要读取日前发电计划优化的输入数据，然后执行日前发电计划数据处理过程，最后固定间歇式能源接入相容性分析优化模型中松弛变量，使得间歇式能源接入相容性分析可行域在日前发电计划可行域范围之内。如果日前发电计划优化结果中某些变量松弛，需要读入松弛变量数值结果，赋值给间歇式能源接入相容性分析中对应变量后固定，保证间歇式能源接入相容性分析优化模型可行域等于或者包含于日前发电计划优化模型。此条件是间歇式能源接入相容性分析的基础，保证了间歇式能源接入相容性分析对日前发电计划编制的指导意义。

基础条件具备后，间歇式能源接入相容性分析根据间歇式能源出力极端波动区间，把系统新能源出力极端波动区间按照比例分到每个机组，依据间歇式能源接入相容性旋转备用分析方法和间歇式能源接入相容性网络安全分析方法的实现方式，把机组出力与预测出力、极端出力和波动系数关联起来，以系统出力整体波动百分比最大为优化目标，采用安全约束经济调度（SCED）算法优化机组出力，得到保证电网安全运行的间歇式能源最大波动百分比。

只要系统间歇式新能源出力波动百分比在此百分比范围内，就可以保证找到满足电网网络安全和系统预留备用的出力计划，故称此百分比为相容度。

## 7.2.4 数据准备及数据处理

间歇式能源接入相容性分析需要准备的数据有：①日前发电计划优化的所有输入数据，包括系统负荷预测数据、母线负荷预测数据、稳定断面限额、检修计划、受电计划、机组固定出力、机组可调出力、机组经济参数、电网物理模型和方式数据；②日前发电计划优化中松弛变量数据；③间歇式能源机组极端出力波动区间和系统新能源出力极端波动区间。

间歇式能源接入相容性分析首先执行与日前发电计划优化模型相同的数据处理流程，保证基础数据相同，然后以新能源机组出力极端波动区间为比例分配系统新能源极端波动区间，参照日前计划编制中松弛变量对间歇式能源接入相容性分析松弛变量赋值并固定，使得间歇式能源接入相容性分析可行域包含于日前发电计划优化模型中，保证间歇式能源接入相容性分析对日前计划编制具有指导意义，在此基础上进行间歇式能源接入相容性分析。

## 7.2.5 间歇式能源接入相容性分析优化模型

### 7.2.5.1 松弛约束处理方法

间歇式能源接入相容性分析包含日前发电计划优化模型中的所有约束条件，对松弛变量却做了特殊处理。例如：

SCED 算法中，电网支路潮流或者稳定断面潮流约束为

$$\underline{p_{ij}} \leqslant p_{ij}(t) \leqslant \overline{p_{ij}} \tag{7-33}$$

式中：$p_{ij}$、$\underline{p_{ij}}$、$\overline{p_{ij}}$ 分别表示支路或者稳定断面 $ij$ 的潮流功率及正反向限值。

对潮流约束进行松弛后，潮流约束表示为

$$\underline{p_{ij}} - viop_{ij}(t) \leqslant p_{ij}(t) \leqslant \overline{p_{ij}} + viop_{ij}(t) \tag{7-34}$$

$$viop_{ij}(t) \geqslant 0 \tag{7-35}$$

式中：$viop_{ij}(t)$ 表示支路或者稳定断面 $ij$ 在 $t$ 时刻潮流松弛量。

如果在日前发电计划中，松弛变量 $viop_{ij}(t)$ 发生松弛，变相地扩大了日前计划的可行域。间歇式能源接入相容性分析前提条件是可行域包含于日前发电计划，因此，间歇式能源接入相容性分析读取日前发电计划优化中松弛变量数值，赋值给相应松弛量，然后固定松弛变量，保证间歇式能源接入相容性分析可行域包含于日前发电计划优化。

### 7.2.5.2 间歇式能源接入相容性旋转备用分析方法

根据电网运行经验和间歇式能源的反调峰特性，对电网消纳间歇式能源不利的典型极端情况是间歇式能源在负荷低谷多发、高峰少发，因此负荷峰谷时段成为间歇式能源接入相容性备用分析方法的评估时段，间歇式能源机组出力（新能源功率预测）极端波动区间可以根据短期新功率预测和间歇式能源历史运行数据以及可靠性指标统计计算。

（1）峰时段间歇式能源机组出力为

$$p(i,t) = p_{i,t}^f - \beta(i,t)p_{i,t}^{down}, \quad t \in peak \tag{7-36}$$

式中：$p_{i,t}^{down}$ 为新能源机组 $i$ 在时段 $t$ 预测值下波动的最大尺度；$p_{i,t}^f$ 为机组 $i$ 在时段 $t$ 的新能源功率预测值；$\beta(i, t)$ 为机组 $i$ 在时段 $t$ 的波动系数；$peak$ 为负荷峰值时段集。

（2）谷时段间歇式新能源机组出力为

$$p(i,t) = p_{i,t}^f + \beta(i,t)p_{i,t}^{up}, \quad t \in vallay \tag{7-37}$$

式中：$p_{i,t}^{up}$ 为新能源机组 $i$ 在时段 $t$ 预测值上波动的最大尺度；$p_{i,t}^f$ 为机组 $i$ 在时段 $t$ 的新能源功率预测值；$\beta(i, t)$ 为机组 $i$ 在时段 $t$ 的波动系数；$vallay$ 为负荷谷值时段集。

（3）间歇式能源接入相容性备用分析方法基于 SCED 模型，其优化目标为相容度最大，即系统间歇式能源出力波动百分比最大，为 $\max\beta$，$\beta$ 表示为

$$\beta = \min\left\{\frac{\sum_i \beta(i,t)P_{i,t}^{down}}{P_{sys,t}^{down}}, \frac{\sum_i \beta(i,t)P_{i,t}^{up}}{P_{sys,t}^{up}}\right\}, \quad t \in (vallay \bigcup peak) \tag{7-38}$$

式中：$\beta$ 为相容度；$P_{sys,t}^{down}$ 和 $P_{sys,t}^{up}$ 分别为在时刻 $t$ 系统新能源出力极端波动区间左右端点；$\beta(i, t)$ 为机组 $i$ 在时段 $t$ 的波动系数；$vallay$ 和 $peak$ 分别为负荷谷值和峰值时段集。

优化目标为极小的极大值，为非线性，需要做简单处理，化为线性模型，增加负荷峰值时段约束和负荷谷值时段约束。

（1）负荷峰值时段约束为

$$\beta \leqslant \frac{\sum_i \beta(i,t) \cdot P_{i,t}^{down}}{P_{sys,t}^{down}}, \quad t \in peak \tag{7-39}$$

（2）负荷谷值时段约束为

$$\beta \leqslant \frac{\sum_i \beta(i,t) \cdot P_{i,t}^{up}}{P_{sys,t}^{up}}, \quad t \in vallay \tag{7-40}$$

以上两个约束可代替 $\beta$ 极小值表达式，使得优化模型变化为线性模型。由于 $\beta$ 称为系统相容度，因此对于每个峰谷时段，只要系统新能源波动百分比小于 $\beta$，就能保证找到使得电网安全的发电计划，因此取 $\beta$ 为峰谷时段的极小值。

### 7.2.5.3　间歇式能源接入相容性网络安全分析方法

在日前计划编制结果基础上，严格满足电网安全约束的情况下，分别按照间歇

式能源出力上波动和下波动两种情况，评估计划机组组合对间歇式能源出力波动的相容性。

（1）网络安全分析方法优化模型一。间歇式能源出力向上波动的情况下，间歇式能源相容性分析的优化目标为 $\max\beta$。

其中

$$\beta = \min\left\{ \frac{\sum_i \beta(i,t) \cdot P_{i,t}^{\text{up}}}{P_{\text{sys},t}^{\text{up}}} \right\} \tag{7-41}$$

$$p(i,t) = p_{i,t}^{\text{f}} + \beta(i,t) \cdot p_{i,t}^{\text{up}} \tag{7-42}$$

式中：$p_{\text{sys},t}^{\text{up}}$ 为 $t$ 时刻系统新能源出力极端波动区间右端点；$p_{i,t}^{\text{up}}$ 为新能源机组 $i$ 在时段 $t$ 预测值上波动的最大尺度；$p_{i,t}^{\text{f}}$ 为机组 $i$ 在时段 $t$ 的新能源功率预测值；$\beta(i,\ t)$ 为机组 $i$ 在时段 $t$ 的波动系数。优化目标为极小的极大值，为非线性，需要做简单处理，化为线性模型，处理方式参考旋转备用分析方法。

（2）网络安全分析方法优化模型二。间歇式能源出力向下波动的情况下，间歇式能源相容性分析的优化目标可表达为 $\max\beta$。

其中

$$\beta = \min\left\{ \frac{\sum_i \beta(i,t) \cdot P_{i,t}^{\text{down}}}{P_{\text{sys},t}^{\text{down}}} \right\} \tag{7-43}$$

$$p(i,t) = p_{i,t}^{\text{f}} - \beta(i,t) \cdot p_{i,t}^{\text{down}} \tag{7-44}$$

式中：$p_{\text{sys},t}^{\text{down}}$ 为时刻 $t$ 系统新能源出力极端波动区间左端点；$p_{i,t}^{\text{down}}$ 为新能源机组 $i$ 在时段 $t$ 预测值下波动的最大尺度；$p_{i,t}^{\text{f}}$ 为机组 $i$ 在时段 $t$ 的新能源功率预测值；$\beta(i,\ t)$ 为机组 $i$ 在时段 $t$ 的波动系数。优化目标为极小的极大值，为非线性，需要做简单处理，化为线性模型，处理方式参考旋转备用分析方法。

### 7.2.6  间歇式能源接入相容性算例分析

针对华北电网模型，在日前发电计划优化收敛的基础上，分析系统风电极端出力安全波动范围，即相容度，证明间歇式能源接入相容性分析优化模型的有效性。

本节以系统相容度最大为目标，对模型进行测试分析，日时段数为 96 段，周期为 15min，分析系统风电波动百分比大于相容度时对旋转备用和网络安全造成的影响，分网络安全分析方法（上波动）和旋转备用分析方法两种不同情况介绍。

### 7.2.6.1 网络安全分析方法算例

采用网络安全分析方法分析风电波动对网络安全的影响，分析结果显示系统风电波动趋势及各个时段最大波动百分比如图 7-8 所示。

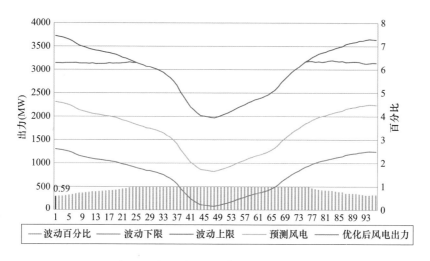

图 7-8　系统风电波动趋势及优化后风电出力

算例表明，在实际运行中，如果日前计划风电出力和实际出力存在偏差，只要偏差百分比小于相容度，就可以找到使得电网安全的出力计划，出力曲线在 00：15 波动比例最小为 0.59，因此系统相容度为 0.59。

断面潮流值满足网络安全限值，如图 7-9 所示。

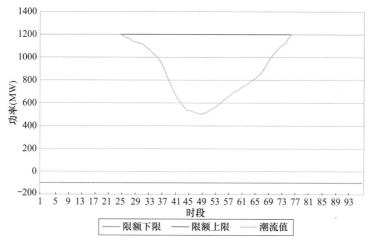

图 7-9　断面限额及潮流曲线图

图 7-9 为 96 点潮流值曲线，潮流值在上下断面限值内，表明算例严格满足电网安全约束。

接下来分析系统风电出力波动超过相容度 0.59 的情况，强制要求系统风电波动百分比大于等于 0.65（超越了相容度），系统风电波动比例大于 0.65 时，网络安全约束不能严格成立，网络约束发生松弛（意味断面越限），风电出力波动曲线如图 7-10 所示。

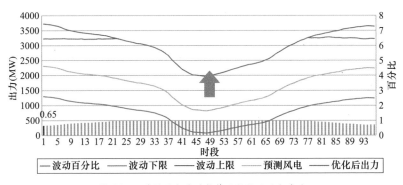

图 7-10　系统风电波动趋势及优化后风电出力

相容度大于等于 0.65，大于系统风电安全波动百分比为 0.59，其断面潮流越限，某断面潮流曲线及限额信息如图 7-11 所示。

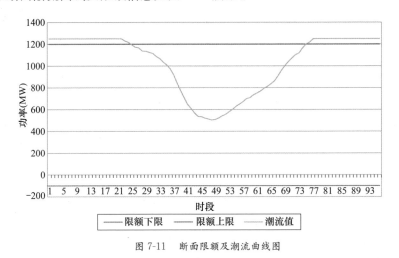

图 7-11　断面限额及潮流曲线图

### 7.2.6.2　旋转备用分析方法算例

采用相容性分析的旋转备用分析方法对上述算例进行分析，系统风电波动趋势及各个时段最大波动百分比如图 7-12 所示。

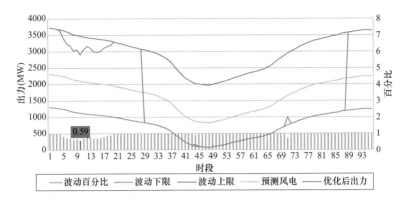

图 7-12　系统风电波动趋势及优化后风电出力

此算例相容度为 0.59，严格满足日前计划所有约束条件，算例表明在实际运行中，如果日前计划风电出力和实际出力在峰谷时刻存在偏差，只要偏差百分比小于相容度，就可以找到满足系统预留旋转备用的出力计划。出力曲线在 2：30 波动比例最小为 0.59，因此系统相容度为 0.59，系统风电在此相容度内波动，可以严格满足系统上下旋转备用约束，96 点上下预留旋转备用值如图 7-13 所示。

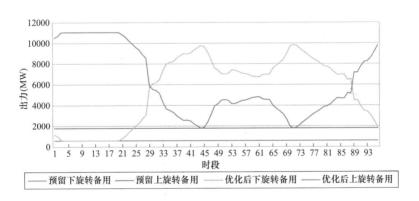

图 7-13　系统预留备用及优化后备用信息

系统风电峰谷时刻在相容度 0.59 范围内波动时，出力计划满足以上预留备用。

接下来分析系统风电峰谷时段上下波动大于相容度 0.59 时，上下旋转备用是否仍然满足，强制系统风电峰谷时刻上下波动百分比大于等于 0.73，系统风电波动比例大于 0.73 时，上下预留旋转备用约束不能严格成立，系统风电出力波动如图 7-14 所示。

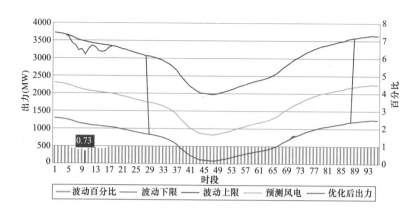

图 7-14　系统预测风电及优化后风电出力

当系统风电峰谷时段波动比例大于相容度 0.59 时，谷时刻预留下旋转备用约束松弛，算例表明系统风电峰谷时刻波动百分比小于相容度 0.59 是严格满足预留上下旋转备用的前提，如果超越此波动度，不能保证满足预留旋转备用值，备用信息如图 7-15 所示。

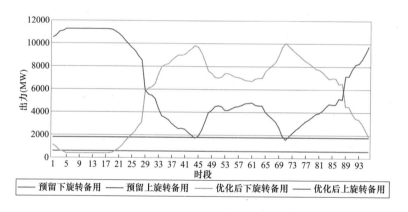

图 7-15　系统预留备用及优化后备用信息

## 7.3　间歇式能源接入成效动态分析

从长远来看，促进大规模风电等间歇式能源并网消纳，需要依托整个电力系统资源的有效利用和整合，优化电力系统的电源结构、网架结构、负荷特性等因素，提升整个电网消纳间歇式新能源的能力。但根据对以往新能源接入和运行控制历史数据的分析，也发现合理的常规能源发电协调优化，有助于挖掘电网潜力，提升间歇式新能源消纳能力。因此优化电网日前调度计划，在现有条件和环境下改变电网部分生产条件，尽量设法多利用电网消纳允许范围内的新能源出力和电量，使损失新能源电量降至最小是十分有必要和有意义的。

随着智能电网调度技术支持系统的建设和电网调度精益化的发展，安全约束机组组合（SCUC）和安全约束经济调度（SCED）已经在调度计划生产中得到应用，但目前中国调度计划一般采用长、中、短周期计划相结合的方式，在日前计划中完全采用SCUC方法，对间歇式能源的消纳最为有利，但对电网生产计划冲击很大，在实际生产中存在较大的困难；而SCED方法不改变机组启停计划，一定程度上影响了间歇式能源的消纳。

在间歇式能源与常规能源协调优化的SCUC方法的基础上，研究大规模接入成效动态分析方法，通过允许部分机组启停、火电机组深度调峰、固定出力计划的调整、优化外部联络线送受电能计划、调整系统备用需求等途径，研究在改变电网资源利用的不同边界条件下，电网消纳新能源能力的变化，提出提升新能源消纳能力的最小化改变，为电网日前调度计划编制和新能源接入优化提供辅助分析依据。

## 7.3.1 含间歇式能源的安全约束机组组合模型

安全约束发电计划优化就是确定一组最优的机组启停方案和出力计划，以最小的发电成本满足系统负荷及备用需求，同时满足机组出力上限/下限、爬坡率/滑坡率、最小开机/停机时间、输电设备输送能力等各种约束。包括间歇式能源在内的以节能发电调度为优化目标的安全约束机组组合优化模型如下所述。

### 7.3.1.1 优化目标

节能发电调度模式下安全约束机组组合优化目标是系统发电成本（煤耗或者燃料成本）最小。其优化目标函数可表达为

$$\min F = \sum_{t=1}^{N_{\mathrm{T}}} \sum_{i=1}^{N_{\mathrm{I}}} \Big[ \sum_{s=1}^{N_{\mathrm{s}}} (c_{i,t} l_{i,t,s}) + u_{i,t} C_i + y_{i,t} C_{\mathrm{ST},i} + z_{i,t} C_{\mathrm{SD},i} \Big] \qquad (7\text{-}45)$$

式中：$N_{\mathrm{T}}$ 为系统调度周期所含时段数；$N_{\mathrm{I}}$ 为系统中参与调度的机组数；$N_{\mathrm{s}}$ 为机组发电成本线性分段数；$c_{i,t}$ 为机组 $i$ 在分段 $s$ 内的发电成本，按分段递增；$l_{i,t,s}$ 为机组 $i$ 在时段 $t$ 处于分段 $s$ 内的机组出力增量；$u_{i,t}$ 为机组 $i$ 在时段 $t$ 的运行状态，1表示运行，0表示停运；$C_i$ 为机组在最低技术出力时的发电成本，也称为基准成本；$y_{i,t}$ 为机组 $i$ 在时段 $t$ 是否有停机到开机状态变化的标志；$C_{\mathrm{ST},i}$ 为机组 $i$ 的

启动成本；$z_{i,t}$ 为机组在时段 $t$ 是否有开机到停机状态变化的标志；$C_{SD,i}$ 为机组 $i$ 的停机成本。

风电机组的启停成本均为 0，分段发电成本远小于常规机组发电成本，为 0 或者负成本，因此，除非安全或者备用等约束发生作用，风电机组都是优先安排出力的。

#### 7.3.1.2 系统平衡约束

（1）发用电平衡约束为

$$\sum_{i=1}^{N_I} p_{i,t} + \sum_{tie=1}^{N_{Tie}} tiep_{tie,t} = PD_t \qquad (7-46)$$

$$p_{i,t} = p_i^{\min} + \sum_{s=1}^{N_S} l_{i,t,s} \qquad (7-47)$$

$$l_{i,t,s} \geqslant 0 \qquad (7-48)$$

式中：$PD_t$ 为 $t$ 时段系统发电口径总负荷；$p_{i,t}$ 为机组 $i$ 在 $t$ 时刻出力，$p_i^{\min}$ 为机组 $i$ 最低技术出力（对应基准成本时的出力）；$N_{Tie}$ 为系统与外部电网的联络线数；$tiep_{tie,t}$ 为联络线 $tie$ 在 $t$ 时段的送/受电计划。

（2）系统旋转备用约束为

$$r_{i,t}^U \leqslant \min(u_{i,t} \cdot p_{i,t}^{\max} - p_{i,t}, R_i^U \cdot RT) \qquad (7-49)$$

$$\sum_{i=1}^{N_I} r_{i,t}^U \geqslant R_t^U \qquad (7-50)$$

$$r_{i,t}^D \leqslant \min(p_{i,t} - u_{i,t} \cdot p_{i,t}^{\min}, R_i^D \cdot RT) \qquad (7-51)$$

$$\sum_{i=1}^{N_I} r_{i,t}^D \geqslant R_t^D \qquad (7-52)$$

式中：$RT$ 为旋转备用计算周期（如 5min 旋备、30min 旋备）；$p_{i,t}^{\min}$ 和 $p_{i,t}^{\max}$ 为机组 $i$ 在 $t$ 时刻出力下限和出力上限；$r_{i,t}^U$、$r_{i,t}^D$ 为机组 $i$ 在 $t$ 时段能提供的上旋、下旋备用；$R_t^U$、$R_t^D$ 为系统 $t$ 时段上旋、下旋备用需求，$\mu_{i,t}$ 为机组在 $t$ 时刻的状态。

#### 7.3.1.3 机组运行约束

（1）调节范围约束为

$$p_{i,t}^{\min} u_{i,t} \leqslant p_{i,t} \leqslant p_{i,t}^{\max} u_{i,t} \qquad (7-53)$$

（2）机组爬坡/滑波率约束为

$$p_{i,t} - p_{i,t-1} \leqslant RU_i \cdot u_{i,t-1} + p^{\max}(1 - u_{i,t-1}) \qquad (7-54)$$

$$p_{i,t-1} - p_{i,t} \leqslant RD_i \cdot u_{i,t} + p_i^{\max}(1 - u_{i,t}) \qquad (7-55)$$

（3）机组最小运行时间约束为

$$\sum_{t=1}^{TU_i}(1-u_{i,t})=0, \quad TU_i=\max\{0,\min[N_T,(TU_i^{\min}-TU_i^0)u_{i,0}]\} \quad (7\text{-}56)$$

$$\sum_{t=1}^{TD_i}u_{i,t}=0, \quad TD_i=\max\{0,\min[N_T,(TD_i^{\min}-TD_i^0)(1-u_{i,0})]\} \quad (7\text{-}57)$$

$$y_{i,t}+\sum_{\tau=t+1}^{\min\{N_T,t+TU_i^{\min}-1\}}z_{i,t}\leqslant 1, \quad \forall\, i,t=TU_i+1,\cdots,N_T \quad (7\text{-}58)$$

$$z_{i,t}+\sum_{\tau=t+1}^{\min\{N_T,t+TD_i^{\min}-1\}}y_{i,t}\leqslant 1, \quad \forall\, i,t=TD_i+1,\cdots,N_T \quad (7\text{-}59)$$

式中：$TU_i^{\min}$、$TD_i^{\min}$ 分别为机组 $i$ 的最小开机/停机时间；$u_{i,0}$ 为机组 $i$ 的初始状态；$TU_i^0$ 和 $TD_i^0$ 分别为机组 $i$ 在初始时刻已经开机和停机的时间；$TU_i$、$TD_i$ 分别为机组 $i$ 在调度初期为满足最小运行时间或停运时间而必须继续运行或停运的时间；$N_T$ 为系统调度周期所含时段数；$y_{i,t}$ 为机组 $i$ 在时段 $t$ 是否有停机到开机状态变化的标志；$z_{i,t}$ 为机组 $i$ 在时段 $t$ 是否有开机到停机状态变化的标志。

（4）机组运行状态约束为

$$u_{i,t}-u_{i,t-1}=y_{i,t}-z_{i,t} \quad (7\text{-}60)$$

$$y_{i,t}+z_{i,t}\leqslant 1 \quad (7\text{-}61)$$

（5）固定计划约束为

$$u_{i,t}=0, \quad \forall\,(i,t)\in\phi_{\text{off}} \quad (7\text{-}62)$$

$$u_{i,t}=1, \quad \forall\,(i,t)\in\phi_{\text{on}} \quad (7\text{-}63)$$

$$p_{i,t}=P_{i,t}, \quad \forall\,(i,t)\in\phi_{\text{plan}} \quad (7\text{-}64)$$

式中：$\phi_{\text{on}}$ 和 $\phi_{\text{off}}$ 必开/必停机组—时间集合；$P_{i,t}$ 为机组 $i$ 在时段 $t$ 的固定出力计划；$\phi_{\text{plan}}$ 为固定计划机组—时间集合。

#### 7.3.1.4 联络线送/受电计划约束

联络线送/受电计划通常根据各类跨省跨区交易计划结果由各级调度机构协商制定，在日前计划中按固定计划处理，即

$$tiep_{tie,t}=TieP_{tie,t}, \quad \forall\,(tie,t)\in\phi_{\text{TPlan}} \quad (7\text{-}65)$$

式中：$TieP_{tie,t}$ 为联络线 $tie$ 在时段 $t$ 的交易计划；$\phi_{\text{TPlan}}$ 为计划联络线—时间集合。

对于安全约束机组组合优化计算中需要考虑的其他约束，如燃料约束、实用化约束等，参见前面发电计划优化模型，这里不再一一列出。

## 7.3.2 间歇式能源接入动态分析模型

### 7.3.2.1 间歇式能源接入成效动态分析途径和约束条件

大规模间歇式能源接入成效动态分析是在安全约束机组组合模型的基础上，在不大幅度的改变电网生产计划的前提下，分析提高间歇式能源消纳的途径，建立新的约束条件和优化目标模型，日前调度计划提高间歇式能源接纳主要考虑以下通过以下途径：

### 7.3.2.2 机组启停调峰模型

目前国内中小火电机组启停调峰技术已经相对成熟。在间歇式能源消纳困难的情况下，电网支付额外的启停调峰费用，安排部分火电机组启停调峰，可以促进间歇式能源消纳，控制电网的生产稳定性和启停调峰成本，需要对承担启停调峰任务的机组数量进行约束，以选择对提高间歇式能源消纳最有利的部分机组，如下所示：

$$yf_i, \quad zf_i \in \{0,1\} \tag{7-66}$$

$$y_{i,t} \leqslant yf_i, \quad \forall (i,t) \in \phi_{\mathrm{aof}} \tag{7-67}$$

$$\sum_{i=1}^{N_i} yf_i \leqslant my \tag{7-68}$$

$$y_{i,t} \leqslant zf_i, \quad \forall (i,t) \in \phi_{\mathrm{aof}} \tag{7-69}$$

$$\sum_{i=1}^{N_i} yf_i \leqslant mz \tag{7-70}$$

式中：$\phi_{\mathrm{aof}}$ 为愿意参加启停调峰的机组集；$yf_i$、$zf_i$ 为机组 $i$ 是否启机和停机的变量；$my$、$mz$ 为最大允许启机和停机数量。

### 7.3.2.3 机组深度调峰模型

中大型火电机组进行启停调峰在技术和成本上存在启停时间长，启停成本高等问题。随着火电机组深度调峰技术的发展，火电机组深度调峰技术日益成熟，在间歇式能源发电量占比较大的地区和时段，电网通过支付额外的深度调峰成本，安排最适当的火电机组深度调峰，提高间歇式能源的消纳水平。机组深度调峰约束为

$$p_{i,t} \geqslant p_{i,t}^{\min} u_{i,t} - viop_{i,t}, \quad \forall i \in \phi_{\mathrm{vioa}} \tag{7-71}$$

$$viop_{i,t} \leqslant viopf_i \cdot viopl_{i,t} \tag{7-72}$$

$$\sum_{i=1}^{N_i} viopf_i \leqslant mviop \tag{7-73}$$

上式为参与深度调峰机组的最小出力约束。

式中：$\phi_{vioa}$ 为可承担深度调峰任务的机组；$viop_{i,t}$ 为机组 $i$ 在 $t$ 时段深度调峰幅度；$viopf_i$ 为机组 $i$ 是否深度调峰的标志变量；$viopl_{i,t}$ 为机组 $i$ 在 $t$ 时刻最大调峰幅度限值参数；$mviop$ 为最大深度调峰机组数量。

### 7.3.2.4 机组固定出力计划调整模型

在电力生产中，部分机组因经济、供热或者其他因素，以固定计划的方式运行，在风电等间歇式能源消纳困难的情况下，适当调整这类机组的固定计划，电网支付偏离其预定计划的额外成本，有利于提高电网消纳间歇式能源的能力。

机组固定出力计划调整模型为

$$p_{i,t} = P_{i,t} + \Delta p_{i,t}^+ - \Delta p_{i,t}^-, \quad \forall (i,t) \in \phi_{plan} \bigcap \phi_{aplan} \tag{7-74}$$

$$\Delta p_{i,t}^+, \quad \Delta p_{i,t}^- \geqslant 0 \tag{7-75}$$

式中：$p_{i,t}$ 为机组 $i$ 在 $t$ 时刻出力；$P_{i,t}$ 为机组 $i$ 在 $t$ 时段的固定出力计划；$\Delta p_{i,t}^+$ 为机组 $i$ 在 $t$ 时刻出力正偏差；$\Delta p_{i,t}^-$ 为机组 $i$ 在 $t$ 时刻出力负偏差；$\phi_{plan}$ 为固定计划机组-时间集合；$\phi_{aplan}$ 为调整计划机组-时间集合。

### 7.3.2.5 联络线送受电计划优化模型

在电网调度分级调度模式下，本地电网与外部电网之间的联络线送/受电计划由上下级调度根据电力交易结果协调确定，因为间歇式能源功率预测的不确定性，在编制外部联络线送受电计划时采用的间歇式能源功率预测数据和日前日内发电计划编制采用的最新间歇式能源功率预测数据存在较大的差异，在这种情况下编制的联络线送/受电计划并非是适合间歇式能源消纳的最佳方案，因此通过调整电网外部联络线的送受电计划，有可能提高本地电网消纳间歇式能源的能力，但调整联络线计划会产生新的电力交易，带来额外的交易成本。

联络线送受电计划优化模型为

$$tiep_{tie,t} = TieP_{i,t} + \Delta tiep_{tie,t}^+ + \Delta tiep_{tie,t}^- \ \forall \ (tie, \ t) \in \phi_{atie} \tag{7-76}$$

$$\Delta tiep_{tie,t}^+, \ \Delta tiep_{tie,t}^- \geqslant 0 \tag{7-77}$$

式中：$tiep_{tie}$ 为联络线 $tie$ 在 $t$ 时段的送/受电计划；$TieP_{i,t}$ 为联络线 $tie$ 在 $t$ 时段的交易计划；$\Delta tiep_{tie,t}^+$ 为联络线 $tie$ 在 $t$ 时段的正偏差；$\Delta tieP_{tie,t}^-$ 为联络线 $tie$ 在 $t$ 时段的负偏差；$\phi_{atie}$ 为该时段调整联络线集合。

### 7.3.2.6 系统备用需求优化模型

电网必须保留部分容量作为备用以满足系统的稳定运行。间歇式能源具有反调峰特性，在间歇式能源高发的时段往往是负荷低谷时段，系统备用尤其下旋备用的大小将对间歇式能源的接纳产生较大的影响；根据电网及间歇式能源的历史数据分析，在电网承担一定的备用不足风险代价情况下，适当降低系统备用尤其是下旋备用，对提高间歇式能源高发时段的间歇式能源消纳有一定的促进作用，考虑备用可调整后，系统下旋备用约束可表示为

$$\sum_{i=1}^{N_t} r_{i,t}^{\mathrm{D}} \geqslant R_t^{\mathrm{D}} - \Delta R_t^{\mathrm{D}} \tag{7-78}$$

$$0 \leqslant \Delta R_t^{\mathrm{D}} \leqslant \Delta M R_t^{\mathrm{D}} \tag{7-79}$$

式中：$r_{i,t}^{\mathrm{D}}$ 为机组 $i$ 在时段 $t$ 能提供的下旋备用；$R_t^{\mathrm{D}}$ 为系统在时段 $t$ 的下旋备用需求；$\Delta R_t^{\mathrm{D}}$ 为时段 $t$ 降低的下旋备用变量；$\Delta M R_t^{\mathrm{D}}$ 为时段 $t$ 最大可下调的下旋备用量。

### 7.3.3　间歇式能源接入成效动态分析优化目标

大规模间歇式能源接入成效动态分析综合考虑电网为提高风电消纳而采用各种方法，支付的额外成本后，系统总的优化目标可表示为

$$\min F_1 = F + \sum_{i \in \phi_{vioa}} \sum_{t=1}^{T_N} viop_{i,t} \cdot vpr_{i,t} + \sum_{i=1}^{I_N} \sum_{t=1}^{T_N} (\Delta p_{i,t}^+ + \Delta p_{i,t}^-) \cdot ap_{i,t} +$$
$$\sum_{tie \in atie} \sum_{t=1}^{T_N} (\Delta tiep_{tie,t}^+ + \Delta tiep_{tie,t}^-) \cdot atiep_{i,t} + \sum_{t=1}^{T_N} \Delta R_t^{\mathrm{D}} \cdot rp_t \tag{7-80}$$

式中：$F_1$ 为日前调度计划优化辅助分析的广义优化目标；$F$ 为常规安全约束机组组合的优化目标；$vpr_{i,t}$ 为机组 $i$ 在 $t$ 时段深调峰单位成本；$ap_{i,t}$ 为机组 $i$ 在 $t$ 时段偏离固定出力的额外单位成本；$atiep_{i,t}$ 为调整联络线 $tie$ 在 $t$ 时段计划的单位成本；$rp_t$ 为降低单位系统备用的风险成本；$viop_{i,t}$ 为机组 $i$ 在 $t$ 时段深度调峰幅度；$\Delta p_{i,t}^+$ 为机组 $i$ 在 $t$ 时段出力正偏差；$\Delta p_{i,t}^-$ 为机组 $i$ 在 $t$ 时段出力负偏差；$\Delta tiep_{tie,t}^+$ 为联络线 $tie$ 在 $t$ 时段的正偏差；$\Delta tiep_{tie,t}^-$ 为联络线 $tie$ 在 $t$ 时段的负偏差；$\Delta R_t^{\mathrm{D}}$ 为时段 $t$ 降低的下旋备用变量。

### 7.3.4　间歇式能源接入成效动态分析流程

间歇式能源接入成效动态分析需要分析在各种可改变的生产条件下风电等间歇式能源消纳情况，根据提高间歇式能源消纳的途径构建多个分析案例，采用多案例

分析比较的方式进行。主要业务流程如图 7-16 所示。

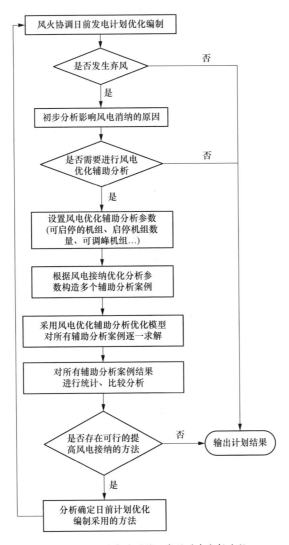

图 7-16　间歇式能源接入成效动态分析流程

主要包括以下步骤：

（1）根据日前发电计划优化结果，判断电网是否需要弃风/弃光，在需要弃风/弃光情况下进一步分析。

（2）初步分析日前计划影响间歇式能源消纳的原因，判断是否需要进行间歇式能源接入成效动态分析。

（3）设置间歇式能源接入成效动态分析参数，包括可启停的机组、最大启停机组数量、可调峰机组、最大调峰机组数量、可调整计划的固定出力机组和联络线、系统备用的可调整比例等。

（4）根据间歇式能源接入成效动态分析参数构造多个辅助分析案例。机组启停调峰分析从1至最大启停机组数各种情况下风电消纳、常规机组成本和电网总成本的变动；机组深调峰分析从1至最大启停机组数各种情况下间歇式能源消纳、常规机组成本和电网总成本情况；其他分析采用类似方法构建多个分析案例。

（5）对所有辅助分析案例进行优化求解，统计分析在各种机组启停调峰、机组深度调峰、机组固定计划调整、联络线计划调整、备用不同比例调整的情况下，日前调度计划消纳间歇式能源、常规发电成本和电网总成本变化情况。

（6）根据统计分析结果判断是否存在提高间歇式能源消纳的可行方法，如果存在则分析确定日前计划优化编制采用的提高间歇式能源消纳的方法，调整日前计划优化编制条件，优化编制新的日前发电计划。

### 7.3.5 间歇式能源接入成效动态分析算例

以华北电网某日日前计划案例数据为例，该日京津唐地区风电预测出力、日前风火协调优化（无网络约束）后风电出力计划和日前间歇式能源与常规能源协调优化（网络约束）后风电出力计划如图7-17所示。

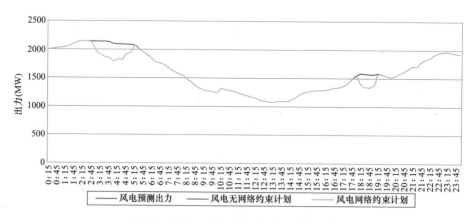

图7-17　华北电网某日风电预测与日前计划出力

根据图7-17的风电预测出力、风电无网络约束计划和风电网络约束计划出力，可以分析得到该日风电未能全额消纳的两个原因：低谷时段机组调峰能力不足和高峰时段个别断面潮流受限。与风电消纳有关的断面的计划潮流如图 7-18 所示。

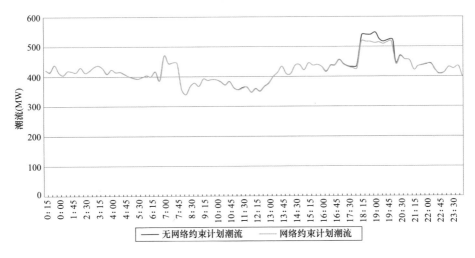

图 7-18　某断面日前计划潮流

对该日计划数据采用风电接纳成效动态分析模块进行分析，主要参数设置所有固定出力机组可以调整；火电机组可以启停和深度调峰（最大调峰幅度为装机容量的 10%），启停和深度调峰最大机组数均为 2。不同方案下弃风电量如图 7-19 所示。

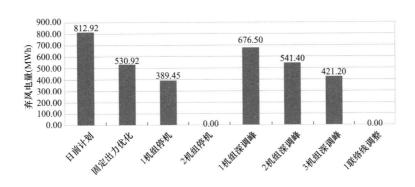

图 7-19　不同生产条件下弃风电量

在上述分析中，固定出力和联络线调整不计算成本；机组启停费用按 50 万元/次计算；深调峰按低于技术出力下少发电量 200 元/MWh 计算，此时不同条件下火电和系统平均发电成本如图 7-20 所示。

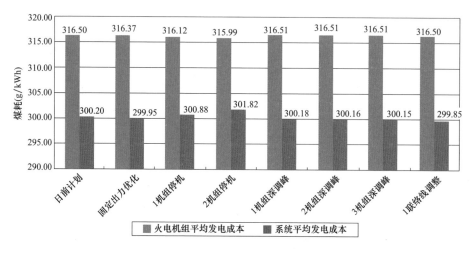

图 7-20 不同条件下火电和系统平均发电成本

# 7.4 技 术 特 点

（1）基于 SCED 模型的面向间歇式能源汇集地区的间歇式能源最大接入分析方法。根据短期和超短期新能源功率预测数据以及电网的实际运行状态，分区评估电网间歇式能源接入地区在当前条件下未来一段实际内最大接入间歇式能源能力，为下一步的日前、日内计划编制与调度运行提供参考信息。

（2）面向间歇式能源汇集地区的间歇式能源接入相容性分析方法。根据风电汇集地区历史新能源功率波动统计数据，判断日前计划机组组合是否满足间歇式能源极端波动情况下全接纳需求，评估日前机组组合计划在间歇式能源出力极端波动的情况下电网全接纳间歇式能源下可能面临的潜在风险，为间歇式能源调度安全性提前预警。

（3）间歇式能源接入成效动态分析方法。基于间歇式能源与常规能源协调优化的安全约束机组组合（SCUC）模型，建立大规模间歇式能源接入成效动态分析方法，分析通过允许部分机组启停、火电机组深度调峰、固定出力计划的调整、优化外部联络线送受电能计划、调整系统备用需求等途径，研究在改变电网资源利用的不同边界条件下，电网消纳间歇式能源能力的变化，提出提升间歇式能源消纳能力的途径和方法，为电网调度计划编制和间歇式能源接入优化提供辅助分析依据。

# 8 间歇式能源多周期协调优化调度系统总体设计

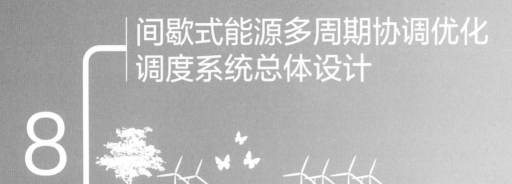

## 8.1 设 计 原 则

### 8.1.1 框架设计原则

框架应按照以下原则设计：

（1）实用性和适用性。立足于网省级电网在应对大规模风电、光伏间歇式能源接入时产生的电网调度及运营管理需求，借鉴国内外一流专业技术，充分考虑电力调度机构在大规模间歇式能源接纳及管理中的应用需求，保证系统在各项功能的针对性基础上体现整体的实用性及系统针对不同应用环节的适用性。

（2）功能规范化。严格遵循国家及电力行业的相关功能及技术规范。

（3）安全性。保证数据和系统的安全性，采用适当加密防护措施，防范利用网络对系统的攻击和破坏。满足《电网和电厂计算机监控系统及调度数据网络安全防护规定》（中华人民共和国国家经贸委第 30 号）和《电力二次系统安全防护规定》（国家电力监管委员会 5 号令）对电网计算机监控系统和系统之间互联的安全要求。

（4）完整性。要保证数据和交易的完整性，并提供所有交易相关数据的备份。

（5）一致性。要保证数据的一致性。

（6）连续性。全年 365 天、每天 24 小时都能提供完整的服务。

（7）可靠性。应对系统关键节点的设备、软件和数据进行冗余备份，提供故障隔离和排除技术手段，实现任一单点故障均不影响系统的正常运行。

（8）及时性。保证处理系统和数据传输的及时性。

（9）开放性。采用开放式体系结构和功能分布式系统设计。系统应具有开放的体系结构，采用公共信息模型和标准接口规范，保证本系统同其他相关系统之间的数据交换。

（10）扩展性。适应业务的发展、规则的变化、技术的发展。

### 8.1.2 D5000 一体化原则

间歇式能源多周期协调优化调度系统研究与应用采用与 EMS 系统一体化设计的方法，采用 D5000 统一的模型、数据和应用，将电网运行的安全性和经济性统一结合，不仅降低了系统维护工作量，而且保证了数据一致性要求。同时，对外屏蔽系统具体实现方式和应用部署位置可以极大方便使用，同时也为未来业务扩展和应用升级预留了充足的空间。

### 8.1.3  系统可升级设计原则

系统应向用户提供良好的可升级性能，使用户的信息系统在升级过程中可以以最小的代价来换取性能的提升，并且实现信息管理与数据利用的连续性与有效性，主要采取以下措施。

（1）系统功能模块化。系统应该对整个系统采用面向对象的方式进行模块化设计。各模块间做到低耦合、高内聚。对某一模块的改动不影响其他模块与整体的运行，可对某一个或某几个模块进行升级或修改，提高系统的可维护与可升级能力。

（2）高度可配置的系统运行参数。对于软件运行过程中可能用到的参数，要求实行动态的管理，将其存入数据库或配置文件中，可以方便地对其进行修改，使系统能够适应实际的运行环境。

（3）遵守严格的软件开发标准。系统的设计开发过程需要严格依照软件工程的标准进行，符合 ISO 9000 关于软件工程的质量控制标准，依据该标准进行质量控制并编写、相应的文档，整个系统的开发过程是可追踪的。

## 8.2  间歇式能源多周期协调优化调度总体架构

风电、光伏等间歇式能源大规模接入电网后，其出力的间歇性和波动性使得电网控制难度大大增加，因此，发电计划中常规机组要留有更多的备用容量以防止风电功率的突增突降。同时，考虑到间歇式能源大规模接入后对电网运行安全的影响，在某些极端情况下可以对某些间歇式能源限制出力，以保证整个系统的安全运行。

间歇式能源和常规能源多周期协调优化调度，充分利用新能源功率预测数据和历史运行数据，以最大接纳风电、光伏等间歇式能源为主要优化目标，实现间歇式能源与常规能源的协调优化发电计划编制。间歇式能源多周期协调优化调度系统总体架构如图 8-1 所示。

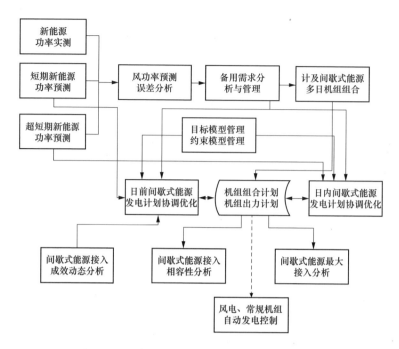

图 8-1　间歇式能源多周期协调优化调度系统总体结构

　　基于 D5000 间歇式能源多周期协调优化调度系统研究与应用的主要研发内容和功能包括多时间尺度新能源功率预测、适应大规模间歇式能源接入的备用需求分析与管理、间歇式能源和常规能源协调优化目标和约束模型管理、间歇式能源与常规能源多日机组组合计划优化编制、日前间歇式能源与常规能源协调优化发电计划编制、日内间歇式能源与常规能源协调优化发电计划编制、间歇式能源最大接入分析、间歇式能源接纳相容性评估分析、间歇式能源接纳成效动态分析。

　　（1）多时间尺度新能源功率预测。基于数值天气预报数据，采用多模型、统计尺度方法进行短期和超短期新能源电场功率预测，结合全网所包含的各个新能源电场功率历史数据及全网新能源功率历史数据，统计各个新能源电场的输出功率与全网新能源输出功率间的相关性，建立区域预报模型，实现新能源功率的全网预测。并对新能源场预测结果进行考核，督促新能源电场端提高预测精度，最终促使全网新能源电场预测精度不断提高。

　　（2）适应大规模间歇式能源接入的备用需求分析与管理。在分析风电、光伏等间歇式能源历史预测偏差的基础上估算未来预测出力的偏差。根据新能源历史功率预测数据和历史运行数据，统计新能源历史功率预测误差，采用聚类分析方法分析新能源出力与未来新能源预测出力相似的新能源历史预测误差，通过对新能源功率预测误差和新能源出力波动特性的统计与分析，评估新能源接入对系统备用需求的影响，从而得到电网为了满足消纳新能源和新能源波动特性而需要额外增加的备用容量。

（3）间歇式能源和常规能源协调优化目标和约束模型管理。提高管理间歇式能源和常规能源月、周、日前、日内发电计划协调优化目标功能，支持"三公"调度和节能发电调度等多种调度模式；提供机组和机组群运行约束、备用约束、网络安全约束、新能源优化约束和新能源调峰约束以及机组和机组群实用化等约束的详细设置和管理功能，支持对网络约束元件的分级管理与灵活控制，以实现精细化的安全约束机组组合和安全约束经济调度。

（4）间歇式能源与常规能源多日机组组合计划优化编制。间歇式能源与常规能源多日机组组合计划优化编制，提供月及月内机组组合计划优化案例数据初始化、案例数据管理、优化计算与安全校核、案例结果分析展示和案例结果批准等功能。采用间歇式能源与常规能源协调优化机组组合算法，以月度计划发电量计划进度偏差最小为目标，依据月度系统负荷预测、月度联络线计划、月度检修计划、电厂年度分月发电量计划、月度新能源计划出力等数据，综合考虑电力电量平衡需求、机组运行条件约束和电网安全等约束条件，优化计算月度机组组合计划，生成满足新能源接纳的机组组合、电厂日电量计划和机组负荷率计划，并与静态安全校核服务实现闭环迭代；根据月度机组组合计划结果对电力电量平衡情况进行分析；实现月度发电计划和机组停备计划的精益化安排。

（5）日前间歇式能源与常规能源协调优化发电计划编制。建立风电、光伏等新能源和常规水火电和抽蓄机组协调发电计划优化模型；以节能降损，提升新能源接纳能力为目标，考虑系统发用平衡约束、备用约束、机组运行约束、电网安全约束、新能源功率预测出力约束、新能源优化约束和新能源调峰约束，分区实用化约束和机组群实用化约束等多约束；支持"三公"调度和节能调度模式，采用安全约束机组组合（SCUC）和安全约束经济调度（SCED）优化算法，实现新能源、常规火电和抽蓄机组协调优化的日前发电计划编制，并与静态安全校核闭环迭代。

（6）日内间歇式能源与常规能源协调优化发电计划编制。采用风电、光伏等间歇式新能源、常规水火电和抽蓄机组协调优化的安全约束经济调度（SCED）模型；以节能降损，提升新能源接纳能力为目标，考虑系统发用平衡约束、备用约束、机组运行约束、电网安全约束、新能源功率预测出力约束、新能源优化约束和新能源调峰约束，分区实用化约束和机组群实用化约束等多约束；支持"三公"调度、节能调度和电力市场等调度模式，综合考虑日前日内计划的衔接和协调优化，采用安全约束经济调度（SCED）优化算法，实现风电、光伏等间歇式新能源、常规水火电和抽蓄机组协调优化的日内发电计划自动滚动优化编制，并与静态安全校核闭环迭代。

（7）间歇式能源最大接入分析。基于风电、光伏等间歇式新能源、常规水火电和抽蓄机组协调优化的安全约束经济调度（SCED）模型利用最新计划数据和电网最新运行状态，分析未来一段时间内主要间歇式新能源接入地区最大消纳间歇式新能源的能力，为日内间歇式能源与常规能源协调优化和调度运行提供参考依据。

（8）间歇式能源接纳相容性评估分析。因为风电、光伏等新能源的间歇性和波动性，目前新能源功率预测并不完全准确，新能源功率预测和新能源实际出力往往存在一定的误差。间歇式能源接纳相容性分析的目的是判断电网计划的机组组合和出力计划是否满足间歇式新能源波动下全接纳需求。在系统机组组合和出力计划的基础上，按间歇式新能源低谷多发、高峰少发的极端情况对电网安全进行评估优化，评估当前所做计划机组组合对间歇式能源出力波动的相容性。

（9）间歇式能源接纳成效动态分析。在风电、光伏等间歇式新能源不能全额接纳时，通过改变电网运行条件，包括启停部分机组、调整固定出力计划、备用计划或者联络线交换计划，自动生成研究分析场景，研究提高新能源消纳水平的不同方案和面临的风险，发现提升新能源消纳能力的途径和方法，并将结果反馈给调度计划人员，辅助调度计划人员调整电网运行状态，提高新能源消纳水平。

## 8.3 与其他应用协作关系

间歇式能源多周期协调优化调度系统基于智能电网调度控制系统统一支撑平台（D5000），与 D5000 系统其他业务功能紧密协助，从其他业务应用中获取调度计划业务所需各类业务数据，调用其他应用提供的如安全校核等计算服务，将日前、日内发电计划结果发送给自动发电控制、调度管理等业务应用。与 D5000 系统主要应用的协助关系如图 8-2 所示。

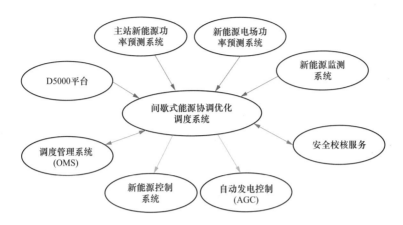

图 8-2  间歇式能源多周期协调优化系统与其他应用协作关系图

（1）D5000 平台。间歇式能源段多周期协调优化调度系统从 D5000 平台获取物理模型和设备状态参数。

（2）新能源监测系统。间歇式能源多周期协调优化调度系统从新能源监测系统中获取各新能源机组实测出力数据和实际限风、限光出力数据；作为备用需求分析基础数据。

（3）安全校核服务。间歇式能源和常规能源的多周期优化计划编制过程与安全校核服务形成闭环迭代，机组组合计划和出力计划经过安全校核，得到电网的危险点和故障风险点信息，并根据安全校核结果对发电计划进行自动优化调整直至将电网运行危险和风险降至最低水平。

（4）调度管理系统。间歇式能源多周期协调优化调度系统从调度管理系统（Outage Management System，OMS）中获取设备计划状态、设备检修计划、稳定断面和稳定断面限额计划的数据；输出机组组合计划、机组出力计划和发电计划安全校核结果到 OMS 系统。

（5）新能源控制系统。间歇式能源多周期协调优化调度系统向新能源控制系统提供新能源出力计划和新能源最大接纳能力，由新能源控制系统实时调度新能源机组的运行。

（6）自动发电控制。间歇式能源多周期协调优化调度系统向 AGC 提供新能源机组和常规机组的启停和出力计划，由 AGC 实时调度机组的运行。

# 8.4    多时间尺度新能源功率预测应用功能

新能源功率预测模块客户端基于客户端/服务器（Client/Server，C/S）架构开发，提供多场站、多区域、多电压等级的功率曲线和数据列表展示；预测功率、实测功率、预测风速、实测风速、温湿压等历史曲线展示；实测功率、实测风速、实测辐照度、实测气象信息等实测曲线展示；日月年考核数据列表展示等功能。

系统功能包括实时查询、组合功率查询、区域功率查询、对比查询、气象信息、综合查询、人工操作七个模块。

## 8.4.1    实时查询

实时查询提供展示场站功率数据信息，环境气象站辐照度，风电场测风塔风速，气温、湿度、气压等气象信息的实时数据查询功能，如图 8-3 所示。

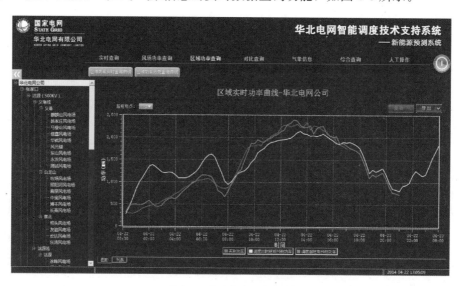

图 8-3    实时查询功能说明

## 8.4.2    组合功率查询

组合功率查询支持多场站、多区域、多电压等级的功率实时曲线和历史曲线查询功能。左侧树节点可多选，中央窗口界面为左侧树节点勾选的场站功率累加结果曲线展示，如图 8-4 所示。

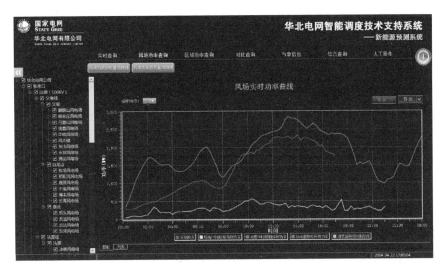

图 8-4　组合功率查询功能说明

## 8.4.3　区域功率查询

区域功率查询提供全网（区域、场站）的功率实测、预测数据信息的查询功能。可根据全网（区域、场站）的配置对其功率实测、预测数据进行展示，如图 8-5 所示。

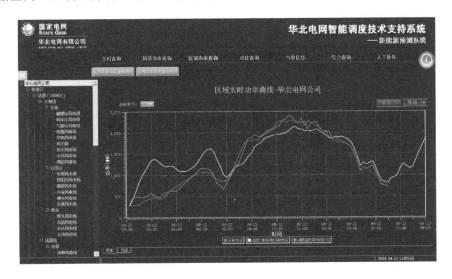

图 8-5　区域功率查询功能说明

## 8.4.4　对比查询

对比查询提供展示风电场实测风速与实测功率和预测风速与预测功率的对比查

询功能，如图 8-6 所示。

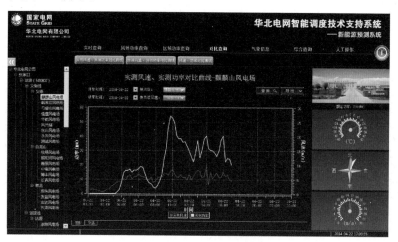

图 8-6　对比查询功能说明

## 8.4.5　气象信息

气象信息提供场站测风塔或气象站的气象信息的查询功能，包括实测、预测风速曲线；实测、预测温度曲线；实测、预测湿度曲线；实测、预测气压曲线；风速、风向图，如图 8-7 所示。

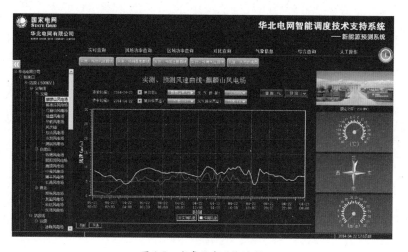

图 8-7　气象信息功能说明

## 8.4.6　综合查询

综合查询不仅提供以数据列表的形式展示后台考核计算程序关于场站功率预测

日月年准确率统计，文件状态、调度预测状态、文件生成状态和文件上传状态，以及风电场测风塔风速和功率分布、相关性检验等数据信息的查询功能，还具有风电场测风塔风速与功率分布的功能，如图 8-8 所示。

图 8-8　综合查询功能说明

## 8.4.7　人工操作

人工操作主要功能包括天气预报下载管理、预测管理、断面约束管理、预测人工修正、重新上报、操作记录查询，如图 8-9 所示。

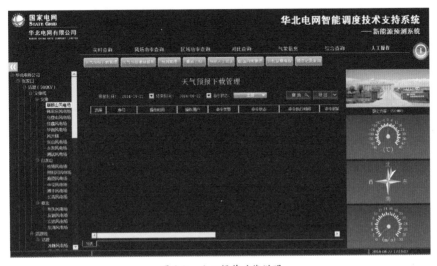

图 8-9　人工操作功能说明

## 8.5 大规模间歇式能源接入下备用需求分析与管理应用功能

大规模间歇式能源接入下备用需求分析与管理包括间歇式能源备用需求分析、系统备用需求分析等模块。

### 8.5.1 间歇式能源备用需求分析

间歇式能源备用需求分析根据备用需求参数，分析并计算各时段满足间歇式能源接入必须额外增加的旋转备用需求，按曲线和表格方式展示满足间歇式能源接入需要增加的备用，展示结果如图 8-10 所示。

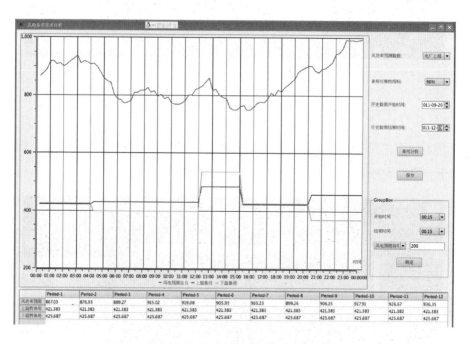

图 8-10 间歇式能源备用需求分析

### 8.5.2 系统备用需求分析

系统备用需求分析根据间歇式备用需求分析结果和系统常规备用设置，计算得到未来计划周期内各时段的备用需求数据，以表格和图形的方式展示系统总的备用需求，如图 8-11 所示。

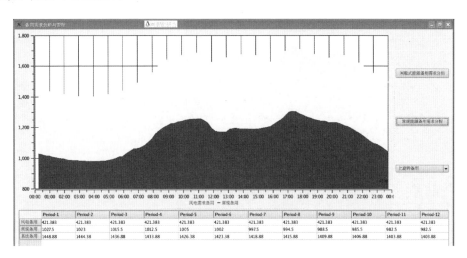

图 8-11　系统备用需求分析

## 8.6　计及间歇式能源消纳的多日机组组合优化应用功能

计及间歇式能源消纳的多日机组组合优化模块基于 D5000 平台开发，实现月度及月内多日机组启停计划的协调优化编制，促进新能源消纳并提升机组经济运行水平。主要功能包括案例管理（案例创建、案例查询、案例删除）、案例数据管理、优化计算、结果查询调整和结果批准等功能模块。

### 8.6.1　多日机组组合优化案例管理

多日机组组合优化案例管理功能模块提供月度多日机组组合优化案例的查询、创建和删除功能。

（1）案例查询。根据选择的案例时间，展示系统中已经创建的满足查询条件的月度电量计划分解案例及案例状态等信息。

（2）案例创建。案例创建根据选择的案例年份、月份、案例名称和开始结束时间参数创建机组组合优化案例，如图 8-12 所示。

（3）案例删除。案例删除功能提供将选择的案例信息从系统中删除功能。案例删除后，相关的案例数据将一并从系统中删除。

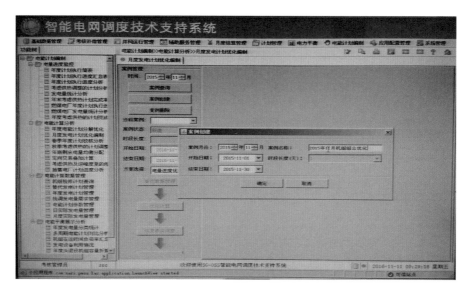

图 8-12　月度（多日）机组组合优化案例创建

## 8.6.2　多日机组组合优化案例数据管理

多日机组组合优化案例数据管理功能提供月度/多日机组组合优化案例数据查询、初始化、修改和保存等功能，如图 8-13 所示。

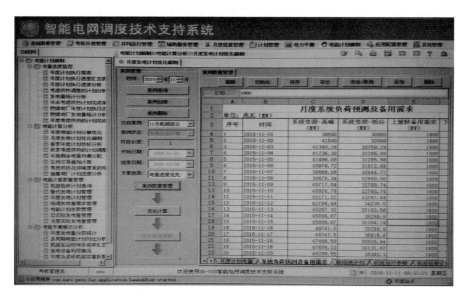

图 8-13　多日机组组合计划优化案例数据管理

（1）案例数据查询。案例数据查询以表格等方式展示机组组合优化案例的各类案例数据。

（2）案例数据修改。机组组合优化案例数据可以在表格上直接添加、修改并保存。

（3）案例数据初始化。机组组合优化案例数据初始化功能模块根据系统运行数据，从系统全局数据库中提取系统负荷、机组运行参数、联络线计划、检修计划、新能源出力计划、月度发电量计划、月度实际发电量等数据并形成案例数据功能。

（4）案例数据导出。机组组合优化案例数据案例数据导出功能将计划案例数据导出为 Excel 表格，进行进一步的离线分析。

## 8.6.3　多日机组组合优化案例优化计算

多日机组组合优化案例数据案例数据优化计算模块根据计划案例数据调用优化计算服务并返回计算结果的功能，如图 8-14 所示，主要步骤为：

图 8-14　多日机组组合优化案例优化计算

（1）根据案例数据，调用案例 E 文件生成服务，生成多日机组组合优化案例数据 E 文件。

（2）将多日机组组合优化案例数据 E 文件发送给优化计算服务。

（3）优化计算服务收到案例数据 E 文件后，进行机组组合计划优化编制并与静态安全校核闭环迭代，计算完成后，输出案例结果 E 文件。

（4）解析案例结果文件，保存案例结果到数据库并更新案例状态。

### 8.6.4　多日机组组合优化案例结果管理

多日机组组合优化案例优化结果管理功能提供案例结果查询展示、基于案例结果电力电量平衡分析、案例调整和保存等功能，如图 8-15 所示，主要功能包括：

图 8-15　多日机组组合优化案例优化结果管理

（1）案例结果查询展示。案例结果查询展示从数据库中查询指定案例的结果数据，并以表格的方式进行展示。

（2）基于案例结果的电力电量平衡分析。根据机组组合优化后的机组启停计划、系统负荷、联络线计划等案例数据，对月度电力电量平衡情况按日进行分析，分析得到日高峰、低谷时段电力电量平衡情况，为月度计划分解决策提供参考依据。

（3）案例结果调整。机组组合优化案例结果可人工修改调整，支持直接在表格中修改数据。

（4）案例结果保存。提供将修改后的案例结果保存到全局数据库功能。

## 8.6.5 多日机组组合优化案例批准

多日机组组合优化案例批准功能提供根据多日机组组合优化案例结果，生成全局各计划日发电量计划分解、机组停备计划等功能，并将数据保存到系统全局数据库作为正式计划结果，如图 8-16 所示。

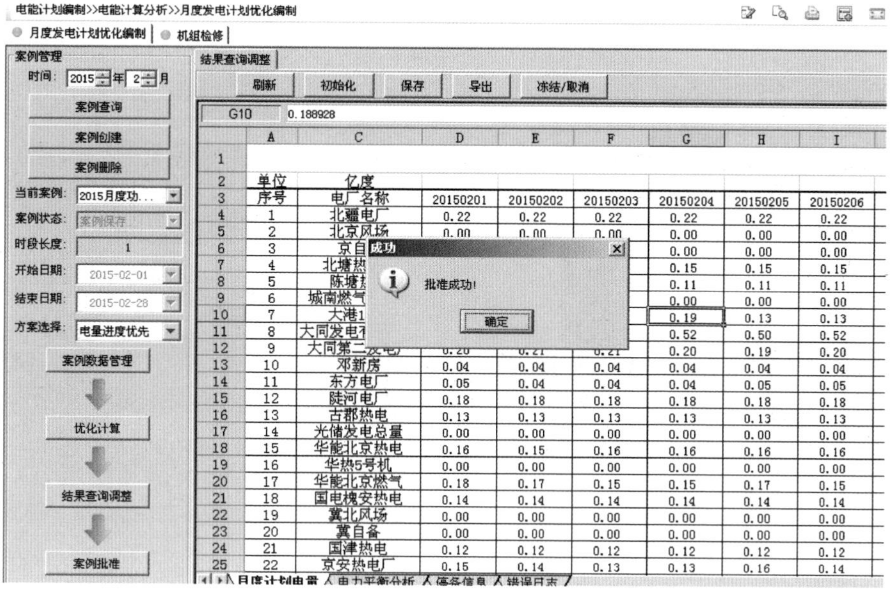

图 8-16　多日机组组合优化案例批准

# 8.7　日前间歇式能源与常规能源协调优化发电计划编制功能

日前间歇式能源与常规能源协调优化发电计划根据间歇式能源和常规能源协调优化发电计划模型，编制机组日前发电计划，支持大规模间歇式能源发电接入，并与静态安全校核应用闭环协作。在日前发电计划优化中，间歇式能源发电采用短期功率预测结果，作为间隙式能源机组出力限值参与优化计算。通过调用间歇式能源接入下备用需求分析模块，设定系统备用需求。

日前间歇式能源与常规能源协调优化发电计划主要功能包括案例创建、参数设置、计划优化与安全校核、结果查询、批准发布等模块。

## 8.7.1 日前发电计划编制案例创建

案例创建模块根据电网模型、网络参数、机组经济参数、系统负荷预测、母线负荷预测、新能源功率预测等数据，创建日前发电计划编制和分析案例，并对数据的完整性和准确性进行校验，如图8-17所示。

图8-17　日前发电计划案例创建

## 8.7.2 日前发电计划编制参数设置

参数设置模块设置日前间歇式能源与常规能源协调优化发电计划编制的各项参数，主要包括优化目标、约束管理、安全校核、间歇式能源协调优化等参数设置。

（1）优化目标管理。日前间歇式能源与常规能源协调优化发电计划编制支持节能发电、"三公"调度等优化目标，根据计划编制需求进行设置，如图8-18所示。

（2）约束管理。约束管理模块设置发电计划编制需要考虑机组技术约束、机组出力约束、备用约束、网络安全约束和实用化约束及参数，如图8-19所示。

（3）安全校核参数设置。安全校核参数设置模块设置日前发电计划安全校核的各项参数，包括全局参数、潮流分析参数、灵敏度分析参数、$N-1$分析参数、短路电流计算参数等，如图8-20所示。

图 8-18  日前风火协调优化计划目标设置

图 8-19  日前计划优化约束设置

（4）间歇式能源协调优化参数设置。间歇式能源协调优化参数设置间歇式能源与常规能源协调优化的控制参数，包括抽蓄机组参与优化调整、固定出力计划参与优化调整、机组是否深调峰；对参与深调峰的机组进行管理，如图 8-21 所示。

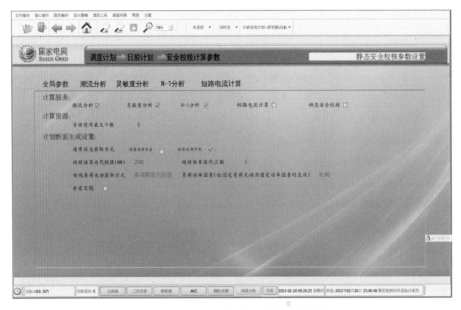

图 8-20　日前发电计划安全校核参数设置

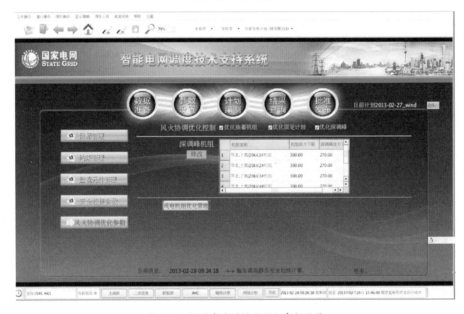

图 8-21　间歇式能源协调优化参数设置

　　间歇式能源机组优化控制模块提供设置新能源机组参与间歇式能源与常规能源协调优化、优化顺序以及优化策略功能，优化顺序低的新能源机组优先弃风，同等优先顺序的机组按优化策略进行调整优化，支持的间歇式能源优化策略包括按容量比例优化、按预测出力比例优化和等量优化，具体如图 8-22 所示。

图 8-22 间歇式能源机组优化控制管理

### 8.7.3 日前发电计划优化编制

日前间歇式能源与常规能源发电计划协调优化编制计算支持自动优化和单步优化两种模式，在自动优化模式下，自动执行灵敏度计算、优化计算和静态安全校核的迭代计算，计算过程信息的自动展示，计算完成后，展示主要优化计算和安全校核的统计信息，如图 8-23 所示。

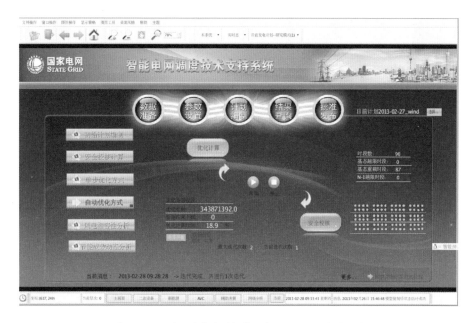

图 8-23 日前间歇式能源与常规能源协调优化计划编制

### 8.7.4 日前发电计划结果查询

日前间歇式能源与常规能源协调优化发电计划结果查询模块提供日前发电计划

结果查询调整、安全校核结果查询、风电优化结果查询模块。

日前发电计划结果查询调整模块查询各市场单位的日前发电计划并对发电计划数据进行统计汇总，提供发电计划调整功能，自动分配调整余量。

静态安全校核结果从时间维和元件维展示日前计划的安全校核信息，对故障风险点进行提示，如图 8-24 和图 8-25 所示。

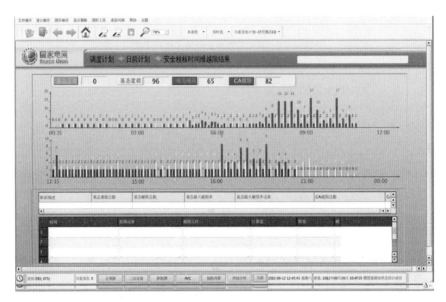

图 8-24　时间维安全校核结果

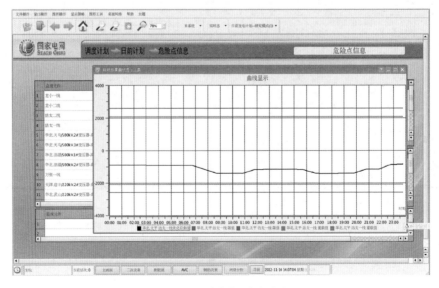

图 8-25　元件维安全校核结果

间歇式能源优化信息查询模块展示风电等间歇式能源优化汇总情况，并从调峰因素和安全因素两个角度分析优化结果，如图 8-26 所示。

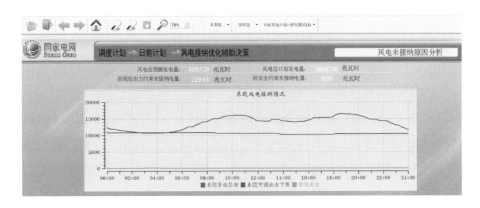

图 8-26　间歇式能源优化信息查询

## 8.7.5　日前发电计划批准发布

批准发布功能提供案例保存、案例批准功能，在案例批准后，案例计划结果将作为正式日前计划结果进入 D5000 系统并下发到其他相关子系统执行，如图 8-27 所示。

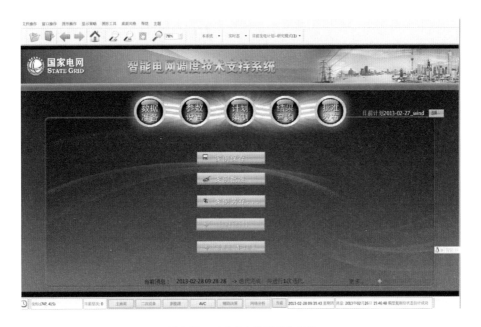

图 8-27　日前发电计划审批发布

# 8.8　日内间歇式能源与常规能源优化发电计划编制功能

日内间歇式能源与常规能源优化发电计划根据实时交换计划、超短期系统负荷预测、超短期新能源功率预测、超短期母线负荷预测、电厂实时申报和电力系统实时运行等信息，参照日前发电计划结果，综合考虑电力系统功率平衡约束、电网安全约束和机组运行约束，采用优化算法智能计算满足"三公"调度、节能发电调度等多种调度模式需求的机组日内滚动发电计划。日内调度计划只在运行机组间分配负荷，不对机组进行启停调整，但能够根据当前机组组合状态、系统负荷需求预测和新能源功率预测，自动评估计算时间范围内是否满足系统旋转备用和调节备用要求，当不能满足备用要求时能够告警提示。

日内间歇式能源与常规能源滚动发电计划的主要功能包括运行监视、数据准备、机组设置、计算控制、参数管理、结果分析及运行统计等功能。

## 8.8.1　日内滚动发电计划运行监视

日内滚动发电计划运行监视页面集中展示系统 AUTOR 和 SCHEO 机组上调节备用和下调节备用变化、各调节组全部机组的计划调整以及周期计算的流程监控等情况，如图 8-28 所示。

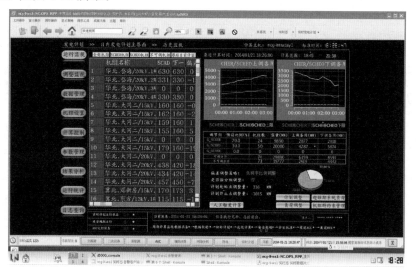

图 8-28　日内滚动发电计划运行监控

## 8.8.2 日内滚动发电计划数据准备

日内滚动发电计划自动获取最新的计划类、预测类以及模型断面数据，并可对各类数据进行人工调整，如图 8-29 所示。

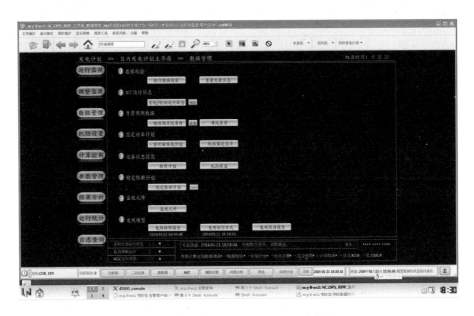

图 8-29 日内滚动发电计划数据准备

## 8.8.3 日内滚动发电计划机组设置

日内滚动发电计划机组设置支持自动或人工对参与调整的机组范围、机组跟踪模式的设置，并提供全部机组的基础信息和实时状态的展示，如图 8-30 所示。

## 8.8.4 日内滚动发电计划计算控制

日内滚动发电计划支持周期自动运行、人工触发、事件驱动等计算控制模式，并支持优化校核流程的人工启动和停止，如图 8-31 所示。

## 8.8.5 日内滚动发电计划参数管理

日内滚动发电计划参数管理包括优化策略参数、初始计划编制参数、校核控制参数、优化约束参数和其他相关阈值参数，如图 8-32 所示。

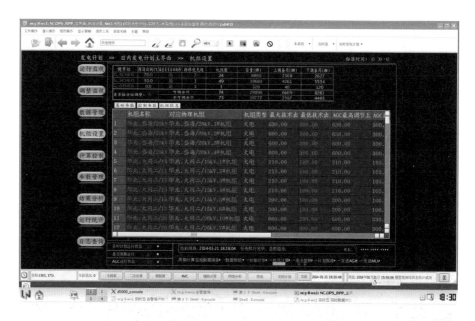

图 8-30 日内滚动发电计划机组设置

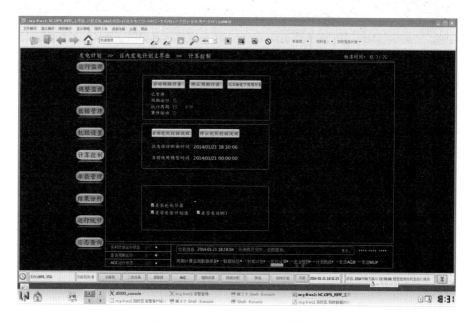

图 8-31 日内滚动发电计划计算控制

## 8.8.6 日内滚动发电计划结果分析

日内滚动发电计划结果分析支持对优化结果、校核结果、发电计划、系统备用、监视元件的结果查询，其中校核结果提供时间维、监视元件维、预想故障维三种展示手段，如图 8-33 所示。

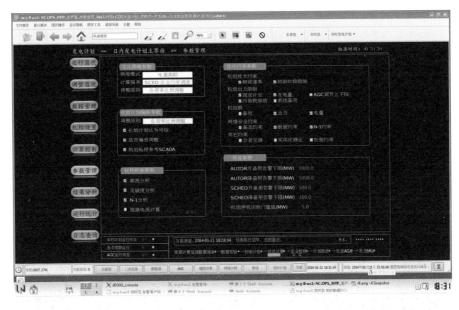

图 8-32 日内滚动发电计划参数设置

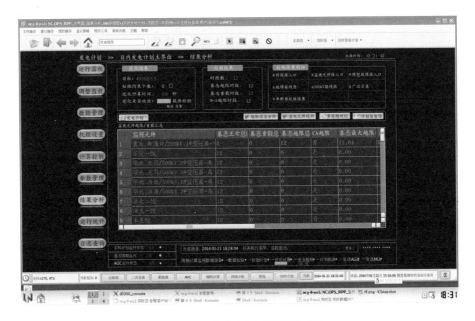

图 8-33 日内滚动发电计划结果分析

### 8.8.7 日内滚动发电计划运行统计

运行统计支持对当前、日、月、年等不同口径的统计信息查询，包括运行次数、初始计划分配成功率、校核收敛率、优化收敛率等指标，如图8-34所示。

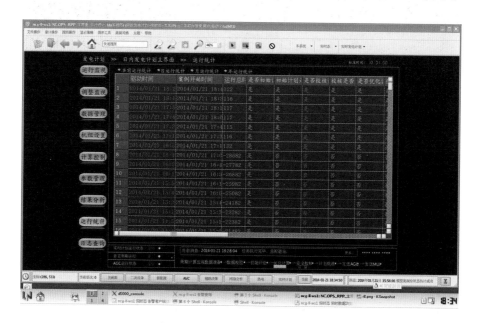

图8-34　日内滚动发电计划运行统计

## 8.9　间歇式能源接入辅助分析应用功能

间歇式能源接入辅助分析功能主要包括间歇式能源最大接入分析、间歇式能源接入相容性分析和间歇式能源接入成效动态分析模块。

### 8.9.1　间歇式能源最大接入分析

间歇式能源接入最大分析结合电力系统运行特性与国内调度运行实际，基于SCED技术，在日前计划阶段对主要间歇式能源汇集地区消纳间歇式能源的最大能力进行分析，如图8-35所示。

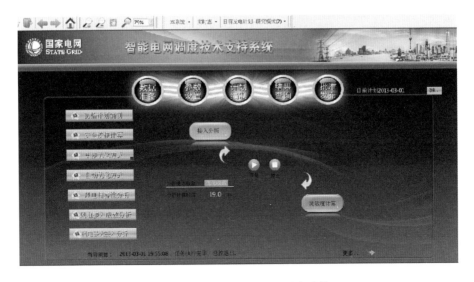

图 8-35　间歇式能源最大接入分析计算

## 8.9.2　间歇式能源接入相容性分析

间歇式能源接入相容性分析的目的是判断日前机组组合是否满足间歇式能源波动情况下全接纳需求,评估日前机组组合计划中间歇式能源出力上下波动的安全范围,为间歇式能源调度安全性提前预警。间歇式能源接入相容性分析如图8-36所

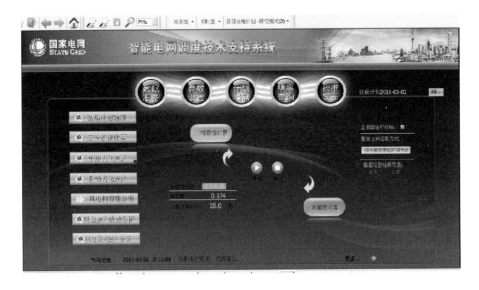

图 8-36　间歇式能源接入相容性分析

示。相容性分析完成后，输出日前发电计划间歇式能源相容性指标，标识着电网日前计划对间歇式能源出力波动的容忍范围。

### 8.9.3　间歇式能源接入成效动态分析

间歇式能源接入成效动态分析在间歇式能源与常规能源协调优化的 SCUC 方法的基础上，研究在改变电网资源利用的不同边界条件下，电网消纳间歇式能源能力的变化，提出提升间歇式能源消纳能力的最小化改变，为电网日前调度计划编制和间歇式能源接入优化提供辅助分析依据。

间歇式能源接入成效动态分析首先设置分析机组启停、深调峰、联络线调整和备用调整等参数，如图 8-37 所示。

图 8-37　间歇式能源接入成效动态分析参数设置

间歇式能源接入成效动态分析对辅助分析案例进行优化求解，统计分析在各种机组启停调峰、机组深度调峰、机组固定计划调整、联络线计划调整、备用不同比例调整的情况下，日前调度计划消纳风电、常规发电成本和电网总成本变化情况以及风电、火电出力变化情况、机组启停和深调峰详细情况，如图 8-38 所示。

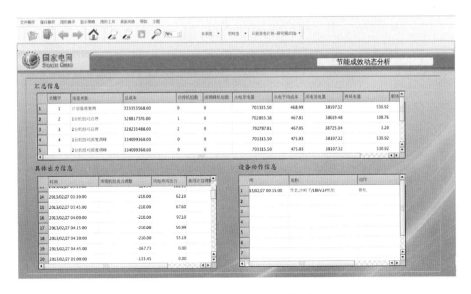

图 8-38　间歇式能源接入成效动态分析结果

# 间歇式能源协调优化调度效益分析

9

"华北电网间歇式能源协调优化调度系统"于2012年7月投入在线运行以来，运行情况良好，实现了华北电网直调区域间歇式能源与常规能源协调优化发电计划的优化编制，提高了华北电网安全运行自动化水平和风电等间歇式能源消纳水平，提高了运行人员监控电网、分析电网的水平，提高了驾驭大电网的能力，极大地促进了电网的安全运行、节能发电调度的进步，在提高发电调度安全性、节能性、经济性的协调水平方面发挥了重要作用，社会效益和经济效益显著。

## 9.1　运　行　效　益

由于目前电网规模日趋庞大，电网结构日趋复杂，并且随着节能减排和智能电网的发展，电网调度的目标从主要考虑安全性向安全性和经济性并重的方向发展，日前日内发电调度计划编制业务日益复杂，计划编制人员所要处理的信息量也随之增大，对计划编制方式、数据的汇总、分类、直观性等方面有了更高的要求。华北电网间歇式能源日前日内协调优化调度系统投入试运行以来，解决了这方面的问题，系统自动接入间歇式能源与常规能源协调优化的各类业务数据，采用适应多种模式的间歇式能源与常规能源协调优化的安全约束机组组合（SCUC）和安全约束经济调度（SCED）算法，编制常规能源与间歇式能源协调优化的日前、日内发电计划，并与静态安全校核服务形成闭环迭代。系统通过编制日前、日内多个周期计划业务流程的技术支撑，短周期参考长周期计划的方式，滚动优化更新各自业务范围的执行计划数据，实现常规能源与间歇式能源发电计划协调优化运行，并把信息直观地、快速地展示给用户，把用户从繁杂的计划编制调整、信息查找、筛选中解放出来，将精力集中在电网调度计划的全局优化和分析上，保障了电网安全稳定和经济运行，提升电网调度精益化水平，促进智能调度建设进程。

## 9.2　经济调度效益

以华北电网日前计划的计算结果为例分析该系统的应用效果。

采用间歇式能源与常规能源协调优化调度的一个最直接的经济效益就是节约发电用煤，节约了全社会一次资源。此处以平均煤耗的概念估算风火协调优化调度一年能够节约的煤炭量。根据设计煤耗统计，60 万 kW 机组平均发电煤耗 300g/kWh，50 万 kW 机组平均发电煤耗 310g/kWh，30 万 kW 机组平均发电煤耗 320g/kWh，20 万 kW 机组平均发电煤耗 340g/kWh，10 万 kW 机组平均发电煤耗 370g/kWh，5 万 kW 及以下机组平均发电煤耗 420g/kWh。

在常规调度模式下，间歇式能源日前计划在考虑电网安全约束的基础上，对各机组进行优化调度，若风电功率不能全额接纳时，需要进行弃风。根据典型日的负荷预测曲线，得到各台机组 96 点的年度计划电量调度结果，其中部分弃风情况见表 9-1，部分典型机组发电具体数值见表 9-2。根据该结果测算出在常规调度模式下，京津唐电网平均发电煤耗为 319.06g/kWh。

表 9-1　　　　　　　　　　　某典型日常规调度下的各风电弃风量

| 名称 | 时间 | 风功率预测值 （MW） | 弃风功率 （MW） | 弃风比例 |
|------|------|------|------|------|
| 冀北风电 | 3：00：00 | 1968.21 | 51.5 | 0.026 |
| 冀北风电 | 3：15：00 | 1961.96 | 93.46 | 0.048 |
| 冀北风电 | 3：30：00 | 1956.88 | 136.15 | 0.07 |
| 冀北风电 | 3：45：00 | 1942.36 | 140.93 | 0.073 |
| 冀北风电 | 4：00：00 | 1933.09 | 170.86 | 0.088 |
| 冀北风电 | 4：15：00 | 1925.24 | 124.52 | 0.065 |
| 冀北风电 | 4：30：00 | 1916.34 | 127.5 | 0.067 |
| 冀北风电 | 4：45：00 | 1910.81 | 32.39 | 0.017 |

表 9-2　　　　　　　　　　　某典型日常规调度下的各机组发电量

| 机组名称 | 发电量 （MWh） | 负荷率 | 最大技术出力 （MW） |
|------|------|------|------|
| 华北．滦河/25kV.1#机组 | 5357.47 | 0.676 | 330 |
| 华北．大同二/20kV.9#机组 | 13096.022 | 0.827 | 660 |
| 华北．邓新房/15kV.1#机组 | 3789.253 | 0.718 | 220 |
| 华北．东方/13kV.1#机组 | 2880 | 0.8 | 150 |
| 华北．槐安/20kV.1#机组 | 5575.64 | 0.704 | 330 |
| 华北．王滩/20kV.2#机组 | 9857.65 | 0.685 | 600 |
| 华北．下花园/15kV.3#机组 | 3842.88 | 0.801 | 200 |
| 华北．西郊/18kV.4#机组 | 3614.715 | 0.753 | 200 |
| 华北．北疆/25kV.1#机组 | 20888.345 | 0.87 | 1000 |
| 华北．首钢热电/20kV.2#机组 | 6980 | 0.969 | 300 |
| 华北．古郡/20kV.1#机组 | 5545.893 | 0.7 | 330 |
| 华北．张热/20kV.2#机组 | 5475.252 | 0.76 | 300 |
| 天津．陈热厂1/20kV.8#机组 | 5582.5 | 0.775 | 300 |
| 天津．大港厂/20kV.4#机组 | 6272.5 | 0.796 | 328.5 |

在间歇式能源与常规能源协调优化调度模式下，间歇式能源日前计划在考虑电网安全约束的基础上，将电量根据煤耗特性按照等耗量微增率的原则分配到各机组上。根据同一典型日的负荷预测曲线，得到协调优化调度下的机组 96 点的日计划结果，为接纳风电，对某些固定计划的机组的出力值进行了调整，调整前后的部分典型机组出力见表 9-3，共有 19 台机组进行了出力调整，为简洁起见，只列出几台典型机组的出力变换情况。各台机组发电量具体数值见表 9-4。根据该结果测算出在间歇式能源与常规能源协调优化调度模式下，京津唐电网平均发电煤耗为 316.59g/kWh。

表 9-3 固定计划机组调整前后出力

| 名称 | 时间 | 计划出力值（MW） | 调整出力值（MW） | 调整比例 |
|------|------|------|------|------|
| 华北.东方/13kV.2#机组 | 4：45：00 | 120 | 110 | 8.33% |
| 华北.槐安/20kV.1#机组 | 3：00：00 | 211.91 | 210 | 0.90% |
| 华北.槐安/20kV.1#机组 | 3：15：00 | 212.07 | 210 | 0.98% |
| 华北.槐安/20kV.1#机组 | 3：30：00 | 212.21 | 210 | 1.04% |
| 华北.槐安/20kV.1#机组 | 3：45：00 | 212.58 | 210 | 1.21% |
| 华北.槐安/20kV.1#机组 | 4：15：00 | 212.82 | 210 | 1.32% |
| 华北.槐安/20kV.1#机组 | 4：15：00 | 213.03 | 210 | 1.42% |
| 华北.槐安/20kV.1#机组 | 4：30：00 | 213.26 | 210 | 1.52% |
| 华北.槐安/20kV.1#机组 | 4：45：00 | 213.4 | 210 | 1.59% |
| 华北.槐安/20kV.2#机组 | 3：00：00 | 211.91 | 210 | 0.90% |
| 华北.槐安/20kV.2#机组 | 3：15：00 | 212.07 | 210 | 0.98% |
| 华北.槐安/20kV.2#机组 | 3：30：00 | 212.21 | 210 | 1.04% |
| 华北.槐安/20kV.2#机组 | 3：45：00 | 212.58 | 210 | 1.21% |
| 华北.槐安/20kV.2#机组 | 4：00：00 | 212.82 | 210 | 1.32% |
| 华北.秦热/20kV.3#机组 | 3：00：00 | 187.88 | 180 | 4.19% |
| 华北.秦热/20kV.3#机组 | 3：15：00 | 187.95 | 180 | 4.23% |
| 华北.秦热/20kV.3#机组 | 3：30：00 | 188.01 | 180 | 4.26v |
| 华北.秦热/20kV.3#机组 | 3：45：00 | 188.16 | 180 | 4.34% |
| 华北.秦热/20kV.3#机组 | 4：00：00 | 188.8 | 180 | 4.66% |
| 华北.秦热/20kV.3#机组 | 4：15：00 | 191.13 | 180 | 5.82% |
| 华北.秦热/20kV.3#机组 | 4：30：00 | 191.26 | 180 | 5.89% |
| 华北.秦热/20kV.3#机组 | 4：45：00 | 191.34 | 180 | 5.93% |
| 华北.唐热/20kV.1#机组 | 3：00：00 | 270 | 225 | 16.67% |
| 华北.唐热/20kV.1#机组 | 3：15：00 | 270 | 220 | 18.52% |
| 华北.唐热/20kV.1#机组 | 3：30：00 | 270 | 220 | 18.52% |

| 名称 | 时间 | 计划出力值（MW） | 调整出力值（MW） | 调整比例 |
|---|---|---|---|---|
| 华北．唐热/20kV.1♯机组 | 3：45：00 | 270 | 220 | 18.52% |
| 华北．唐热/20kV.1♯机组 | 4：00：00 | 270 | 220 | 18.52% |
| 华北．唐热/20kV.1♯机组 | 4：15：00 | 270 | 220 | 18.52% |
| 华北．唐热/20kV.1♯机组 | 4：30：00 | 270 | 220 | 18.52% |
| 华北．唐热/20kV.1♯机组 | 4：45：00 | 270 | 220 | 18.52% |

表9-4　　　　　　　　　　某典型日风火协调调度下的各机组发电量

| 机组名称 | 发电量（MWh） | 负荷率 | 最大技术出力（MW） |
|---|---|---|---|
| 华北．滦河/25kV.1♯机组 | 5357.47 | 0.676 | 330 |
| 华北．大同二/20kV.9♯机组 | 13096.02 | 0.827 | 660 |
| 华北．邓新房/15kV.1♯机组 | 3821.253 | 0.724 | 220 |
| 华北．东方/13kV.1♯机组 | 2860 | 0.794 | 150 |
| 华北．槐安/20kV.1♯机组 | 5570.32 | 0.703 | 330 |
| 华北．王滩/20kV.2♯机组 | 9857.65 | 0.685 | 600 |
| 华北．下花园/15kV.3♯机组 | 3842.88 | 0.801 | 200 |
| 华北．西郊/18kV.4♯机组 | 3314.715 | 0.691 | 200 |
| 华北．北疆/25kV.1♯机组 | 21101.5 | 0.879 | 1000 |
| 华北．首钢热电/20kV.2♯机组 | 6766.25 | 0.94 | 300 |
| 华北．古郡/20kV.1♯机组 | 5540.573 | 0.7 | 330 |
| 华北．张热/20kV.2♯机组 | 5453.78 | 0.757 | 300 |
| 天津．陈热厂1/20kV.8♯机组 | 5582.5 | 0.775 | 300 |
| 天津．大港厂/20kV.4♯机组 | 6272.5 | 0.796 | 328.5 |

比较常规调度和间歇式能源与常规能源协调优化调度在某一典型日的平均煤耗可知，间歇式能源与常规能源协调优化调度模式下的平均发电煤耗比年度计划电量调度模式下降低了 2.47g/kWh。

以京津唐电网一年发电量为 2600 亿 kWh 估算，通过实施间歇式能源与常规能源协调优化调度后一年可为全社会节约近 65 万 t 标准煤，减排二氧化碳 169 万 t，二氧化硫 5520t，氮氧化物 4810t，PM2.5 排放减少 5420t。

# 9.3　安全分析效益

间歇式能源协调优化调度系统实现发电计划优化编制与静态安全校核的闭环迭代，采用快速安全校核算法，根据电网最新运行状态对日前、日内发电计划进行静态安全校核，对电网未来计划的安全进行精细分析和可视化展示。目前已经具备表格、曲线、地理图、潮流图、厂站图等多种计划模式下电网安全运行展示手段；能够从时间维、监视元件维和预想故障维等多种角度展示计划模式下电网安全运行信息，支持单断面、连续播放等多种计划潮流场景展示。利用可视化手段，结合安全校核多维度特点，采用数据挖掘技术，实现可视化展示方式，便于用户从纷繁复杂的数据列表中解放出来，直观快速获取海量信息。提高了用户的工作效率，使用户能快速了解整个电网的未来的运行状态，及时将注意力集中到电网的薄弱环节，进行科学分析，采取应对措施，降低电网运行风险，提高了用户对大电网的驾驭能力，保证了电网的安全运行。

## 9.4　间歇式能源接入优化辅助分析效益

日前间歇式能源与常规能源的协调优化调度，提升了电网接纳风电等间歇式能源的能力，但并未完全解决间歇式能源接入困难和电网潜在安全风险问题。华北电网间歇式能源日前日内协调优化调度系统在日前间歇式能源与常规能源协调优化算法的提出基础上，开发了间歇式能源接入最大分析模块，利用最新的短期和超短期负荷预测数据、风功率预测数据，根据电网最新运行状态，分层分区分析未来一段时间内风电汇集地区最大消纳风电的能力，为日前、日内间歇式能源与常规能源滚动协调优化和调度运行提供参考依据；采用间歇式能源接入相容性分析模型和研究日前计划机组组合对风电出力极端波动情况相容情况，辅助调度运行机构提前研究应对预案；建立间歇式能源成效动态分析方法，研究分析通过允许部分机组启停、火电机组深度调峰、固定出力计划的调整、优化外部联络线送受电能计划、调整系统备用需求等途径，研究在改变电网资源利用的不同边界条件下，电网消纳风电能力的变化，为电网日前调度计划编制和风电接入优化提供辅助分析依据。

以京津唐电网为例，2011 年，京津唐电网风电并网装机容量约 293 万 kW，共消纳上网电量 58.7 亿 kWh，风电设备平均利用小时数为 2200h；应用本项目后的 2012 年，京津唐风电期末并网装机容量约 505 万 kW；上网电量 113 亿 kWh，风电设备平均利用小时数 2258h。在风电装机容量大幅度增加的情况下，实现了风电上网电量的同步增长。

# 参 考 文 献

[1] 谢桦，王健强，姜久春，等，译. 风力发电系统［M］. 北京：中国水利水电出版社，
    2010.

[2] 韩红卫，涂孟夫，张慧玲，丁恰，徐帆. 考虑跨区直流调峰的日前发电计划优化方法及分
    析［J］. 电力系统自动化，2015，39（16）：138-143.

[3] 李利利，涂孟夫，丁恰，等. 适应大规模风电接入的发电出力计划两阶段优化方法［J］.
    电力系统自动化，2014，38（9）：48-52.

[4] 王丹平，陈之栩，涂孟夫，杨争林，丁恰. 考虑大规模风电接入的备用容量计算［J］. 电
    力系统自动化，2012，36（21）：24-28.

[5] 徐帆，李利利，陈之栩，涂孟夫，丁恰. 平抑机组出力波动的发电计划模型及其应用
    ［J］. 电力系统自动化，2012，36（5）：45-50.

[6] 徐帆，刘军，张涛，丁恰，涂孟夫. 考虑抽水蓄能机组的机组组合模型及求解［J］. 电力
    系统自动化，2012，36（12）：36-40.

[7] 丁恰，李利利，涂孟夫，昌日. 智能电网日前发电计划系统设计与关键技术［J］. 电网清
    洁与能源，2013，29（9）：1-5.

[8] 李利利，丁恰，滕贤亮，涂孟夫，雷为民. 风光储联合发电系统日前优化调度建模与求解
    ［J］. 电网技术，2012，36（S1）：1-5.

[9] Lili Li, Jian Geng, Qia Ding, Danlin Yang, Mengfu Tu and Mingqiao Peng, Evaluation
    and Application of Wind Power Integration Capacity in Power Grid on the basis of Security
    Constrained Economic Dispatch ［C］, IEEE PES Innovation Smart Grid Technologies Asia
    Conference，Tianjin, China. May 21-24，2012.

[10] 丁恰，李利利，汪洋，涂孟夫，戴则梅. 适应大规模风电接入的发电计划不确定性处理
    方法分析［J］. 中国电力，2015，48（3）：127-132.

[11] 费智，符平. 我国风电发展的态势分析与对策建仪［J］科技进步与对策，2011，（10）：
    65-68.

[12] 李强，袁越，谈定中. 储能技术在风电并网中的应用研究进展. 河海大学学报（自然科
    学版），2010，38（1）：115-122.

[13] 魏晓霞. 我国大规模风电接入电网面临的挑战. 中国能源，2010，32（2）：19-21.

[14] 胡传煜. 风电发展对我国电网运行可能造成的影响. 电力与能源，2011，32（3）：213-

216.

[15] 郭健. 大规模风电并入电网对电力系统的影响. 电气自动化, 2010, 32 (1): 47-50.

[16] 范高锋, 赵海翔, 戴慧珠. 大规模风电对电力系统的影响和应对策略. 电网与清洁能源, 2008, 24 (7): 44-48.

[17] 张丽英, 叶廷路, 辛耀中, 等. 大规模风电接入电网的相关问题及措施. 中国电机工程学报, 2010, (25): 1-9.

[18] 白雪飞, 王丽宏, 杜荣华. 风电大规模接入对蒙西电网调峰能力的影响. 内蒙古电力技术, 2010, 28 (1): 1-3.

[19] 张宁, 周天睿, 段长刚, 等. 大规模风电场接入对电力系统调峰的影响. 电网技术, 2010, 34 (1): 152-158.

[20] 衣立东, 朱敏奕, 魏磊, 等. 风电并网后西北电网调峰能力的计算方法. 电网技术, 2010, 34 (2): 129-132.

[21] 王芝茗, 苏安龙, 鲁顺. 基于电力平衡的辽宁电网接纳风电能力分析 [J]. 电力系统自动化, 2010, 34 (3): 86-90.

[22] Kundur. 电力系统稳定与控制 [M]. 北京: 中国电力出版社, 2002.

[23] 杨涛, 郑涛, 迟永宁, 等. 大规模风电外送对电力系统小干扰稳定性影响 [J]. 中国电力. 2010, 43 (6): 20-25.

[24] 廖萍, 李兴源. 风电穿透功率极限计算方法综述 [J]. 电网技术, 2008, 32 (10): 50-53.

[25] Schlueter R A, Park G. A modified unit commitment and generation control for utilities with large wind generation penetrations [J]. IEEE Trans on Power Apparatus and Systems, 1985, 104 (7): 1630-1636.

[26] 吴俊玲, 周双喜, 孙建锋, 等. 并网风力发电场的最大注入功率分析. 电网技术, 2004, 28 (20): 28-32.

[27] 申洪, 梁军, 戴慧珠. 基于电力系统暂态稳定分析的风电场穿透功率极限的计算 [J]. 电网技术, 2002, 26 (8): 8-11.

[28] 乔嘉赓, 徐飞, 鲁宗相, 等. 基于相关机会规划的风电并网容量优化分析. 电力系统自动化, 2008, (10): 84-87.

[29] 雷亚洲, 王伟胜, 印永华, 戴慧珠. 基于机会约束规划的风电穿透功率极限计算 [J]. 中国电机工程学报, 2004, 24 (5): 32-35.

[30] 郑国强, 鲍海, 陈树勇. 基于近似线性规划的风电场穿透功率极限优化的改进算法 [J]. 中国电机工程学报, 2004, 24 (10): 68-71.

[31] 宋联庆，何进武，闫广新，张峰，晁勤. 并网风电场穿透功率极限确定方法探讨 [J]. 可再生能源，2009，27（3）：36-39.

[32] 贾宏新，张宇，王育飞，何维国，符杨. 储能技术在风里发电系统中的应用 [J]. 可再生能源，2009，27（6）：10-15.

[33] 潘文霞，范永威，杨威. 风-水电联合优化运行分析 [J]. 太阳能学报，2008，1：80-84.

[34] 潘文霞，范永成，朱莉，等. 风电场中抽水蓄能系统容量的优化选择 [J]. 电工技术学报，2008，23（3）：120-124

[35] 孙春顺，王耀南，李欣然. 水电-风电系统联合运行研究 [J]. 太阳能学报，2009，2：232-236

[36] 李强，袁越，李振杰，等. 考虑峰谷电价的风电-抽水储能联合系统能量转化效率研究 [J]. 电网技术，2009，33（6）：13-18

[37] 王晓兰，李志伟. 风电-抽水蓄能电站联合运行的多目标优化 [J]. 兰州理工大学学报，2011，（5）：78-82

[38] 徐帆，姚建国，耿建，等. 机组耗量特性的混合整数模型建立与分析 [J]. 电力系统自动化，2010，34（10）：45-50.

[39] 徐帆，耿建，姚建国，等. 安全约束经济调度建模及应用 [J]. 电网技术，2010，34（11）：55-58.

[40] 杨争林，唐国庆，李利利. 松弛约束发电计划优化模型和算法 [J]. 电力系统自动化，2010，34（14）：53-57.

[41] 杨争林，唐国庆. 全周期变时段"三公"调度发电计划优化模型 [J]. 电网技术，2011，35（2）：132-136.

[42] Geng Jian, Li Lili, Yao Jianguo, Yang Zhenglin. New SCED Based on Minimum Bias Objective for Large-Scale Wind Integrated Power Systems [J]. The 18th IFAC World Congress, Milano, 2011.

[43] 李利利，耿建，姚建国，等. 均衡发电量调度模式下的 SCED 模型和算法 [J]. 电力系统自动化，2010，34（15）：23-27.

[44] 李利利，姚建国，杨争林，等. 计及机组组合状态调整的发电计划安全校正策略 [J]. 电力系统自动化，2011，35（11）：98-102.

[45] 高宗和，滕贤亮，张小白. 适应大规模风电接入的互联电网有功调度与控制方案 [J]. 电力系统自动化，2010，34（17）：37-41.

[46] 徐瑞，滕贤亮，张小白，等. 大规模光伏有功综合控制系统设计 [J]. 电力系统自动化，2013，37（13）：24-29.

[47] 张粒子，周娜，王楠. 大规模风电接入电力系统调度模式的经济性比较 [J]. 电力系统自动化，2011，35（22）：105-110.

[48] 王彩霞，乔颖，鲁宗相，等. 低碳经济下风火互济系统日前发电计划模式分析 [J]. 电力系统自动化，2011，35（22）：111-117.

[49] 徐帆，王颖，杨建平，等. 考虑电网安全的风电火电协调优化调度模型及其求解 [J]. 电力系统自动化，2014，38（21）：114-120.

[50] 徐帆，陈之栩，张勇，等. 实时发电计划模型及其应用 [J]. 电力系统自动化，2014，38（6）：117-122.

[51] 汪峰，朱艺颖，白晓民. 基于遗传算法的机组组合研究 [J]. 电力系统自动化，2003，27（6）：36-41.

[52] 胡家声，郭创新，曹一家. 一种适用于电力系统机组组合问题的混合粒子群优化算法 [J]. 中国电机工程学报，2004，24（4）：24-28.

[53] 陈皓勇，张靠社，王锡凡. 机组组合问题的系统进化算法 [J]. 电力系统自动化，1999，19（12）：9-13.

[54] 陈之栩，谢开，张晶，等. 电网安全节能发电日前调度优化模型和算法. 电力系统自动化，2009，33（1）：10-13.

[55] 陈之栩，李丹，张晶，等. 华北电网安全节能发电优化调度系统功能设计. 电力系统自动化，2008，32（24）：43-47.

[56] 徐玖平，李军. 多目标决策的模型和方法. 北京：清华大学出版社，2005.

[57] R. E. Bixby. Solving real-world linear programs：A decade and more of progress. Operations Research，2002，50（1）：3-15.

[58] 高宗和，耿建，张显，等. 大规模系统月度机组组合和安全校核算法. 电力系统自动化，2008，32（23）：28-30.

[59]《现代应用数学手册》编委会. 现代应用数学手册——运筹学与最优化理论卷 [M]. 北京：清华大学出版社，2000.

[60] 徐玖平，李军. 多目标决策的模型和方法. 北京：清华大学出版社，2005.

[61] K. W. Hedman, M. C. Ferris, R. P. O'Neill, et al. Co-Optimization of Generation Unit Commitment and Transmission Switching With N-1 Reliability. IEEE Trans on Power Systems，2010，25（2）：1052-1063.

[62] X. S. Han, H. B. Gooi, D. S. Kirschen. Dynamic economic dispatch：feasible and optimal solutions. IEEE Trans on Power Systems，2001，16（1）：22-28.

[63] Rabin A. Jabr, Alun H. Coonick, Brian J. Cory. A Homogeneous Linear Programming

Algorithm for the Security Constrained Economic Dispatch Problem. IEEE Trans on Power Systems, 2000, 15 (3): 930-936.

[64] K. S. Kim, L. H. Jung, S. C. Lee, et al. Security constrained economic dispatch using interior point method//Proceedings of International Conference on Power System Technology, Oct 22-26, 2006, Chongqing, China: 1-6.

[65] A. Kumar, S. Chanana. Security constrained economic dispatch with secure bilateral transactions in hybrid electricity markets//Proceedings of IEEE Power India Conference, Oct 12-15, 2008, New Delhi, India: 1-6.

[66] P. A. Ruiz, C. R. Philbrick, E. Zak, et al. New real time market applications at the California independent system operator//Proceedings of IEEE/PES Power Systems Conference and Exposition, Oct 10-13, 2004, New York, USA: 1228-1233.

[67] G. L. Nemhauser, L. A. Wolsey. Integer and combinatorial Optimization. NewYork: Wiley-Interscience, 1999.

[68] G. W. Chang, Y. D. Tasi, C. Y. Lai, et al. A Practical mixed integer linear programming based approach for unit commitment//Proceedings of IEEE PES General Meeting, June 6-10, 2004, Denver, USA: 221-225.

[69] M. Carrion, J. M. Arroyo. A computationally efficient mixed integer linear formulation for the thermal unit commitment. IEEE Trans on Power Systems, 2006, 21 (3): 1371-1378.

[70] K. W. Hedman, R. P. O' Neill, S. Oren. Analyzing valid inequalities of the generation unit commitment problem//Proceedings of IEEE/PES Power Systems Conference and Exposition, March 15-18, 2009, Seattle, USA: 1-6.

[71] B. I. Ayuyev, P. M. TeroKhin, N. G. Shubin. Unit commitment with network constrains//Proceedings of IEEE Russia Power Tech, June 27-30, 2005, St. Petersburg, Russian: 1-5.

[72] Yong Fu, M. Shahidehpour. Fast SCUC for large-scale power systems. IEEE Trans on Power Systems, 2007, 22 (4): 2144-2151.

[73] H. P. Williams. Model building in mathematical programming, Fifth Edition [M]. John Wiley & Sons Ltd. , Chichester, 2013.

# 索　引